严格按照全新考试大纲编写

二级建造师 必刷题 管理

环球网校建造师考试研究院　组编

图书在版编目(CIP)数据

二级建造师必刷题. 管理 / 环球网校建造师考试研究院组编. —上海 ：立信会计出版社，2023.9(2024.1重印)

ISBN 978 - 7 - 5429 - 7433 - 4

Ⅰ.①二… Ⅱ.①环… Ⅲ.①建筑工程—工程管理—资格考试—习题集Ⅳ.①TU - 44

中国国家版本馆 CIP 数据核字(2023)第 174925 号

责任编辑 毕芸芸

二级建造师必刷题. 管理

Erji Jianzaoshi Bishuati. Guanli

出版发行	立信会计出版社		
地　　址	上海市中山西路 2230 号	邮政编码	200235
电　　话	(021)64411389	传　　真	(021)64411325
网　　址	www.lixinaph.com	电子邮箱	lixinaph2019@126.com
网上书店	http://lixin.jd.com		http://lxkjcbs.tmall.com
经　　销	各地新华书店		

印　　刷	三河市中晟雅豪印务有限公司		
开　　本	787 毫米×1092 毫米	1 / 16	
印　　张	6		
字　　数	142 千字		
版　　次	2023 年 9 月第 1 版		
印　　次	2024 年 1 月第 2 次		
书　　号	ISBN 978 - 7 - 5429 - 7433 - 4/T		
定　　价	29.00 元		

前言

本套必刷题，全面涵盖二级建造师执业资格考试的重要考点和常考题型，力图通过全方位、精考点的多题型练习，帮助您全面理解和掌握基础考点及重难点，提高解题能力和应试技巧。本套必刷题具有以下特点：

突出考点，立体式进阶 本套必刷题同步考试大纲并进行了“刷基础”“刷重点”“刷难点”立体式梯度进阶设计，逐步引导考生夯实基础，强化重点，攻克难点，从而全面掌握考点知识体系，赢得考试。

题量适中，题目质量高 本套必刷题精心甄选适量的典型习题，且注重题目的质量。每道习题均围绕考点和专题展开，并经过多位老师的反复推敲和研磨，具有较高的参考价值。

线上解析，详细全面 本套必刷题通过二维码形式提供详细的解析和解答，不仅可以随时随地为您解惑答疑，还可以帮助您更好地理解题目和知识点，更有助于您提高解题能力和技巧。

在二级建造师执业资格考试之路上，环球网校与您相伴，助您一次通关！

环球网校建造师考试研究院

必刷

目录

刷题有道　必胜有路

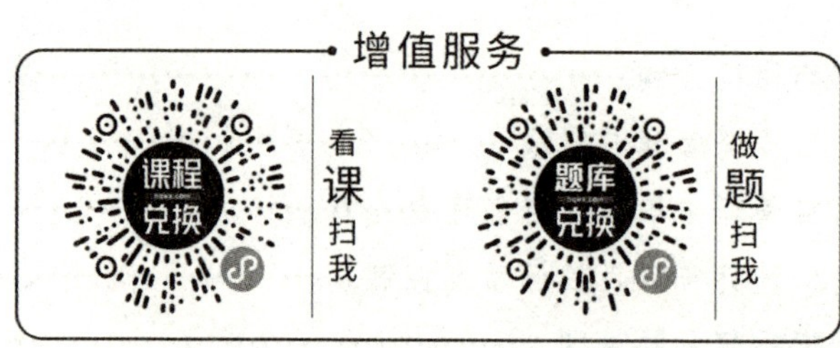

我们的精心　成就您的信心

第一章
施工组织与目标控制

第一节　工程项目投资管理与实施

考点1 工程项目投资管理制度

1. 【刷基础】除国家对采用高新技术成果有特别规定外，以工业产权、非专利技术作价出资的比例不得超过投资项目资本金总额的（　　）。[单选]

A. 10%　　B. 20%

C. 30%　　D. 40%

2. 【刷重点】下列选项中，可以认定为投资项目资本金的是（　　）。[单选]

A. 当期债务性资金偿还前，可以分红或取得收益

B. 存在本息回购承诺、兜底保障等收益附加条件

C. 在清算时受偿顺序优先于其他债务性资金

D. 通过发行金融工具等方式筹措的各类资金

3. 【刷基础】根据《国务院关于投资体制改革的决定》（国发〔2004〕20号），按照（　　）的原则，对于企业不使用政府投资建设的项目，一律不再实行审批制，区别不同情况实行核准制或登记备案制。[单选]

A. "谁投资、谁决策、谁收益、谁承担责任"

B. "谁投资、谁评估、谁收益、谁承担责任"

C. "谁投资、谁决策、谁收益、谁承担风险"

D. "谁投资、谁评估、谁收益、谁承担风险"

4. 【刷重点】投资者以货币方式认缴的资本金，其资金来源有（　　）。[多选]

A. 国家批准的各种专项建设基金

B. 土地批租收入

C. 企业折旧资金

D. 社会个人合法所有的资金

E. 非经营性基本建设基金回收的本息

5. 【刷重点】对于采用（　　）方式的政府投资项目，政府投资主管部门只审批资金申请报告。[多选]

A. 贷款贴息　　B. 直接投资

C. 投资补助　　D. 转贷

E. 资本金注入

6. 【刷基础】根据《政府投资条例》，对经济社会发展、社会公众利益有重大影响的政府投

资项目，政府投资主管部门或其他有关部门应在（　　）的基础上作出是否批准的决定。[多选]

A. 专家评议

B. 公众参与

C. 风险调查

D. 中介服务机构评估

E. 风险评估

7. 【刷重点】根据《企业投资项目核准和备案管理条例》(中华人民共和国国务院令第 673 号)，对（　　）等的企业投资项目，实行核准管理。[多选]

A. 重要基础设施

B. 关系国家安全

C. 重大公共利益

D. 战略性资源开发

E. 涉及全国重大生产力布局

8. 【刷重点】项目申请书包括的内容有（　　）。[多选]

A. 企业基本情况

B. 项目利用资源情况分析

C. 项目建设规模

D. 项目投资收益

E. 项目对经济和社会的影响分析

考点 2 工程建设实施程序

9. 【刷重点】（　　）是工程建设实施阶段的首要环节，在工程建设中发挥着龙头作用。[单选]

A. 工程勘察设计

B. 可行性研究

C. 建设准备

D. 投资估算

10. 【刷重点】对于政府投资项目，初步设计提出的投资概算超过经批准的可行性研究报告提出的投资估算（　　）的，项目单位应当向投资主管部门或者其他有关部门报告，投资主管部门或者其他有关部门可以要求项目单位重新报送可行性研究报告。[单选]

A. 5%

B. 10%

C. 15%

D. 20%

11. 【刷重点】对于重大工程和技术复杂工程，工程设计可根据需要增加（　　）阶段。[单选]

A. 详细设计

B. 深化设计

C. 技术设计

D. 经济设计

12. 【刷重点】建设工程自竣工验收合格之日起即进入缺陷责任期，缺陷责任期最长不超过（　　）。[单选]

A. 180 天

B. 1 年

C. 2 年

D. 3 年

13. 【刷重点】工程开工建设前的准备工作有（　　）。[多选]

A. 征地、拆迁和场地平整

B. 组织材料设备采购招标工作

C. 办理施工许可证

D. 准备全部的施工图纸

E. 完成施工用水、电、通信网络、交通道路等接通工作

14. 【刷重点】下列关于工程开工时间的说法，正确的有（　　）。[多选]

A. 工程地质勘察、平整场地的时间

B. 工程设计文件中规定的任何一项永久性工程第一次正式破土开槽开始施工的时间

C. 不需开槽的工程，正式开始打桩的时间就是开工时间

D. 二期工程应根据工程设计文件规定的永久性工程开工时间作为开工时间

E. 铁路、公路、水库等需要进行大量土石方工程的，以正式开始进行土方、石方工程的时间作为正式开工时间

15. 【刷重点】生产准备工作内容有（　　）。[多选]

A. 制定生产管理制度

B. 组建生产管理机构

C. 组织工装、器具、备品、备件等制造或订货

D. 招聘和培训生产人员

E. 办理工程质量监督手续

考点3 施工承包模式

16. 【刷基础】业主把某建设项目土建工程发包给 A 施工单位，安装工程发包给 B 施工单位，装饰装修工程发包给 C 施工单位，该业主采用的施工任务委托模式是（　　）。[单选]

A. 平行承包模式

B. 施工总承包模式

C. 施工总承包管理模式

D. 工程总承包模式

17. 【刷重点】当工程规模大或技术复杂，建筑市场竞争激烈，由一家施工单位总承包有困难时，可采用（　　）。[单选]

A. 施工总承包模式　　B. 平行承包模式

C. 联合体承包模式　　D. 合作体承包模式

18. 【刷重点】当工程项目包含专业工程类别多、数量大，或专业配套需要时，一家施工单位无力实行施工总承包，而建设单位又希望承包方有一个统一的协调组织时，可采用（　　）。[单选]

A. 施工总承包模式　　B. 平行承包模式

C. 联合体承包模式　　D. 合作体承包模式

19. 【刷重点】施工总承包模式与平行承包模式相比，存在的优点有（　　）。[多选]

A. 合同管理工作量小

B. 施工质量责任主体少

C. 建设单位施工招标工作量小

D. 组织协调工作量小

E. 建设单位施工招标工作量大

20. 【刷重点】与施工总承包相比，施工总承包管理的特点有（　　）。[多选]

A. 分包合同有不同的签订方式

B. 施工总承包管理单位取费及分包单位工程款支付方式不同

C. 施工总承包管理单位与施工，总承包单位承担的施工管理任务和责任不同

D. 各分包合同界面由施工总承包管理单位负责确定，可减轻业主的组织协调工作量

E. 总承包管理单位负责控制分包工程质量，符合工程质量的“他人控制”原则，因而有利于控制工程质量

21. 【刷重点】下列属于平行承包模式的特点有（　　）。[多选]

A. 有利于缩短建设工期

B. 建设单位组织管理和协调工作量大

C. 有利于控制工程质量

D. 有利于建设单位择优选择施工单位

E. 工程造价控制难度小

22. 【刷重点】下列属于联合体承包模式的特点有（　　）。[多选]

A. 组织协调工作量大

B. 建设单位合同结构复杂

C. 有利于工程造价和工期控制

D. 有利于增强竞争能力

E. 有利于增强抗风险能力

23. 【刷重点】下列属于合作体承包模式的特点有（　　）。[多选]

A. 建设单位组织协调工作量小

B. 建设单位组织协调工作量大

C. 建设单位承担的风险较小

D. 建设单位承担的风险较大

E. 各施工单位之间有合作愿望，但又不愿意组成联合体

考点4 工程监理

24. 【刷重点】建筑面积在（　　）以上的住宅建设工程必须实行监理。[单选]

A. 1 万 m^2

B. 2 万 m^2

C. 3 万 m^2

D. 5 万 m^2

25. 【刷重点】总监理工程师可以委托给总监理工程师代表的工作是（　　）。[单选]

A. 组织编制监理规划，审批监理实施细则

B. 签发工程开工令、暂停令和复工令

C. 组织召开监理例会

D. 调解建设单位与施工单位的合同争议，处理工程索赔

26. 【刷重点】图纸会审和设计交底会议纪要应由（　　）负责整理。[单选]

A. 施工单位　　B. 项目监理机构

C. 建设单位　　D. 设计单位

27. 【刷重点】第一次工地会议的会议纪要由（　　）负责整理，与会各方代表会签。[单选]

A. 项目监理机构　　B. 施工单位

C. 建设单位　　D. 设计单位

28. 【刷重点】下列必须实行监理的建设工程有（　　）。[多选]

A. 住宅小区工程

B. 学校、影剧院、体育场馆项目

C. 国家重点建设工程

D. 国际组织贷款、援助资金的工程

E. 大中型公用事业工程

29. 【刷重点】下列属于专业监理工程师应履行的职责有（　　）。[多选]

A. 检查施工单位投入工程的人力、主要设备的使用及运行状况

B. 检查进场的工程材料、构配件、设备的质量

C. 处置发现的质量问题和安全事故隐患

D. 进行见证取样

E. 参与审核分包单位资格

30. 【刷重点】下列属于项目监理机构对施工组织设计的审查内容的有（　　）。[多选]

A. 施工进度、施工方案及工程质量保证措施是否符合施工合同要求

B. 施工组织设计已由总监理工程师签认

C. 资源（资金、劳动力、材料、设备）供应计划是否满足工程施工需要

D. 施工总平面布置是否科学合理

E. 安全技术措施是否符合工程建设强制性标准

31. 【刷重点】下列属于项目监理机构审查施工分包单位的内容有（　　）。[多选]

A. 安全生产许可文件

B. 营业执照、企业资质等级证书

C. 类似工程业绩

D. 特种作业人员资格

E. 兼职管理人员资格

32. 【刷重点】施工单位应向项目监理机构报验（　　）。[多选]

A. 单位工程质量　　B. 分部工程质量

C. 分项工程质量　　D. 隐蔽工程质量

E. 检验批质量

33. 【刷重点】下列属于总监理工程师签发工程暂停令的情形有（　　）。[多选]

A. 施工单位未按审查通过的工程设计文件施工的

B. 施工存在重大质量、安全事故隐患或发生质量、安全事故的

C. 工程需要暂停施工的

D. 施工单位未按批准的施工组织设计、(专项）施工方案施工或违反工程建设强制性标准的

E. 施工单位未经批准擅自施工或拒绝项目监理机构管理的

考点5 工程质量监督

34. 【刷重点】下列不属于建设工程质量责任主体的是（　　）。[单选]

A. 设计单位

B. 建设单位

C. 工程监理单位

D. 工程质量监督机构

35. 【刷重点】工程质量监督程序的首要工作是（　　）。[单选]

A. 组织安排工程质量监督准备工作

B. 审核办理工程质量监督手续

C. 组织实施工程施工质量监督

D. 组织实施工程竣工验收质量监督

36. 【刷重点】工程质量监督检查的方式有（　　）。[多选]

A. 以定期检查为主

B. 以抽查为主

C. 定期检查与不定期检查相结合

D. 专项检查与综合检查相结合

E. 工程实体质量检查与工程参建各方主体质量行为检查相结合

第二节　施工项目管理组织与项目经理

考点1 施工项目管理目标和任务

37. 【刷重点】施工项目管理是指施工单位为履行工程施工合同，以（　　）为核心，对工程施工全过程进行计划、组织、指挥、协调和控制的系统活动。[单选]

A. 施工项目管理目标

B. 施工项目质量目标

C. 施工项目经理责任制

D. 施工项目安全生产责任制

38. 【刷重点】施工项目绿色施工管理的第一责任人是（　　）。[单选]

A. 施工单位负责人

B. 施工项目经理

C. 施工单位技术负责人

D. 施工单位安全负责人

39. 【刷重点】施工项目管理目标有（　　）。[多选]

A. 施工经济目标

B. 施工进度目标

C. 施工质量目标

D. 施工成本目标

E. 绿色施工目标

考点 2 施工项目管理组织

40. 【刷重点】下列不属于直线式组织结构的优点的是（　　）。[单选]

A. 结构简单　　B. 易于统一指挥

C. 职责分明　　D. 有利于提高管理效率

41. 【刷重点】下列属于职能式组织结构的缺点的是（　　）。[单选]

A. 存在多头领导，容易造成职责不清

B. 各职能部门之间的横向联系差

C. 信息传递路线长

D. 职能部门与指挥者之间容易产生矛盾

42. 【刷重点】（　　）适用于技术复杂且时间紧迫的工程项目。[单选]

A. 矩阵式组织结构

B. 强矩阵式组织结构

C. 平衡阵式组织结构

D. 弱矩阵式组织结构

43. 【刷重点】下列属于矩阵式组织结构的优点有（　　）。[多选]

A. 组织结构稳定性强，业务人员的工作岗位调动小

B. 能够根据工程任务的实际情况灵活组建与之相适应的项目管理机构

C. 使项目管理工作顺利进行

D. 有利于调动各类人员的工作积极性

E. 实现集权与分权的最优结合

44. 【刷重点】下列属于责任矩阵的作用的有（　　）。[多选]

A. 清楚地显示出施工项目部各部门或个人的角色、职责和相互关系

B. 避免职责不清而出现推诿、扯皮现象

C. 确保最适合的人员去做最适当的事情，从而提高项目管理工作效率

D. 施工项目部人员分工不清

E. 有利于项目经理对管理任务进行必要的调整和优化

考点3 施工项目经理职责和权限

45. 【刷重点】下列关于施工项目经理的说法，错误的是（　　）。[单选]

A. 施工项目经理是指具备相应任职条件，由企业法定代表人授权对施工项目进行全面管理的责任人

B. 承包人应按合同约定指派项目经理，并在约定的期限内到职

C. 承包人更换项目经理应事先征得建设单位同意，并应在更换7天前通知发包人和监理人

D. 承包人项目经理短期离开施工场地，应事先征得监理人同意，并委派代表代行其职责

46. 【刷重点】下列属于施工项目经理应具备的条件有（　　）。[多选]

A. 具有工程建设类相应职业资格，并应取得中级注册安全工程师职业资格证书

B. 具有建设工程施工现场管理经验和项目管理业绩

C. 恪守职业道德，诚实守信

D. 具备组织、指挥、协调与沟通能力

E. 具备施工项目目标管理及过程控制的能力

47. 【刷重点】下列属于施工项目经理的权限有（　　）。[多选]

A. 参与组建项目经理部，提名项目副经理、项目技术负责人，选用项目团队成员

B. 执行企业各项规章制度，组织制定和执行施工现场项目管理制度

C. 组织项目团队成员进行施工合同交底和项目管理目标责任分解

D. 决定企业授权范围内的资源投入和使用

E. 主持项目经理部工作，组织制定项目经理部管理制度

第三节　施工组织设计与项目目标动态控制

考点1 施工项目实施策划

48. 【刷基础】下列不属于施工项目实施策划的内容的是（　　）。[单选]

A. 施工任务划分

B. 主要资源配置

C. 施工组织设计要求

D. 大型临时设施建设方案和标准

49. 【刷基础】下列不属于安全、质量、环保管理部门负责策划的内容是（　　）。[单选]

A. 明确安全、质量、绿色施工及环保管理目标

B. 确定施工机械设备配置方案

C. 提出专项施工方案初步意见

D. 提出施工安全、质量及绿色施工管理重点事项和管理要求

50. 【刷重点】施工项目策划准备工作中，企业经营开发部门应向工程管理、工程经济等部门进行书面交底，交底内容包括（　　）。[多选]

A. 施工现场情况

B. 监理单位情况

C. 不平衡报价实施情况

D. 工程变更索赔方向

E. 投标过程

考点2 施工组织设计

51. 【刷重点】按编制对象不同，施工组织设计可分为（　　）。[单选]

A. 施工组织总设计、单位工程施工组织设计和分部工程施工组织设计

B. 施工组织总设计、单项工程施工组织设计和分部工程施工组织设计

C. 施工组织总设计、单项工程施工组织设计和施工方案

D. 施工组织总设计、单位工程施工组织设计和施工方案

52. 【刷重点】施工组织总设计的基本内容不包括（　　）。[单选]

A. 施工总平面布置

B. 工程概况

C. 主要施工方案

D. 主要资源配置计划

53. 【刷基础】施工准备不包括（　　）。[单选]

A. 人员准备　　B. 现场准备

C. 技术准备　　D. 资金准备

54. 【刷基础】施工方案的确定要遵循（　　）兼顾的原则。[单选]

A. 安全性、可行性和经济性

B. 先进性、可行性和经济性

C. 安全性、适用性和经济性

D. 先进性、适用性和经济性

55. 【刷重点】施工组织设计应由（　　）主持编制。[单选]

A. 项目监理机构

B. 总监理工程师

C. 项目技术负责人

D. 项目负责人

56. 【刷重点】规模较大的分部（分项）工程施工方案应按（　　）进行编制和审批。[单选]

A. 施工组织总设计

B. 分部工程施工组织设计

C. 单位工程施工组织设计

D. 单项工程施工组织设计

57. 【刷重点】施工项目策划准备工作中，企业经营开发部门应向工程管理、工程经济等部门进行书面交底，交底内容包括（　　）。[多选]

A. 施工现场情况

B. 监理单位情况

C. 不平衡报价实施情况

D. 工程变更索赔方向

E. 投标过程

58. 【刷重点】下列属于施工进度计划的调整和优化的检查内容有（　　）。[多选]

A. 总工期是否满足合同约定

B. 各工作项目的施工顺序和搭接关系是否合理

C. 主要施工机具、材料等的利用是否均衡和充分

D. 主要工种的工人是否能满足连续、均衡施工的要求

E. 工作项目划分是否满足施工进度要求

考点3 施工项目目标动态控制

59. 【刷重点】下列不属于施工项目目标动态控制措施中技术措施的是（　　）。[单选]

A. 改进施工方法和施工工艺

B. 采用数字化、智能化技术进行动态控制

C. 对施工组织设计的技术可行性进行审查、论证

D. 对工程变更方案进行技术经济分析

60. 【刷重点】下列属于施工项目目标动态控制措施中合同措施的是（　　）。[单选]

A. 合理处置工程变更和利用好施工索赔

B. 明确施工责任成本

C. 落实加快施工进度所需资金

D. 完善施工成本节约奖励措施

61. 【刷重点】下列属于施工项目总目标分析论证的基本原则有（　　）。[多选]

A. 确保工程质量、施工安全、绿色施工及环境管理目标符合工程建设强制性标准

B. 定性分析与定量分析相结合

C. 定性评价与定量评价相结合

D. 不同施工项目的各个目标可具有相同的优先等级

E. 不同施工项目的各个目标可具有不同的优先等级

62. 【刷基础】施工项目目标动态控制措施有（　　）。[多选]

A. 合同措施

B. 经济措施

C. 管理措施

D. 组织措施

E. 技术措施

63.【刷重点】下列属于施工项目目标动态控制措施中组织措施的有（　　）。[多选]

A. 建立健全组织机构和规章制度

B. 完善沟通机制和工作流程

C. 强化动态控制中的激励

D. 合理处置工程变更

E. 建立施工项目目标控制工作考评机制

参考答案

1. B	2. D	3. C	4. ABCD	5. ACD	6. ABDE
7. BCDE	8. ABCE	9. A	10. B	11. C	12. C
13. ABCE	14. BCDE	15. ABCD	16. A	17. C	18. D
19. ABCD	20. ABDE	21. ABCD	22. CDE	23. ADE	24. D
25. C	26. B	27. A	28. BCDE	29. BCE	30. ACDE
31. ABCD	32. BCDE	33. ABDE	34. D	35. B	36. BDE
37. C	38. B	39. BCDE	40. D	41. A	42. B
43. BCDE	44. ABCE	45. C	46. BCDE	47. ADE	48. C
49. B	50. ACDE	51. D	52. C	53. A	54. B
55. D	56. C	57. ACDE	58. ABCD	59. D	60. A
61. ABE	62. ABDE	63. ABCE			

学习总结

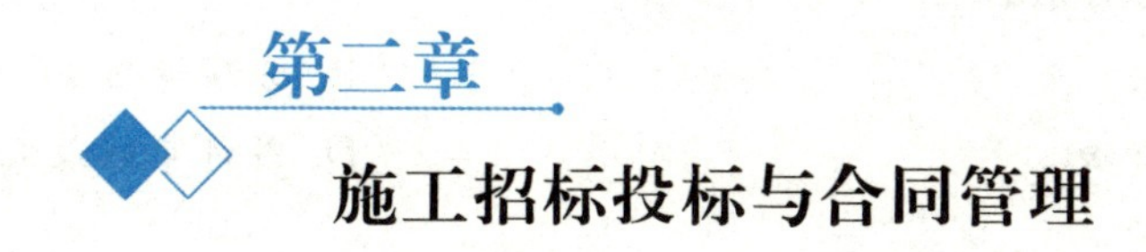

施工招标投标与合同管理

第一节　施工招标投标

考点1　施工招标方式与程序

1. 【刷基础】下列不属于公开招标的优点的是（　　）。[单选]

A. 可在较广范围内选择承包商

B. 获得有竞争性的报价

C. 投标竞争激烈

D. 节约招标费用

2. 【刷基础】采用邀请招标方式时，邀请对象不应少于（　　）家。[单选]

A. 2　　　　B. 3

C. 5　　　　D. 10

3. 【刷重点】潜在投标人或者其他利害关系人对资格预审文件有异议的，应在提交资格预审申请文件截止时间（　　）日前向招标人提出。[单选]

A. 2　　　　B. 3

C. 5　　　　D. 7

4. 【刷重点】招标人可以对已发出的资格预审文件进行必要的澄清或者修改。澄清或者修改的内容可能影响资格预审申请文件编制的，招标人应在提交资格预审申请文件截止时间至少（　　）日前，以书面形式通知所有获取资格预审文件的潜在投标人。[单选]

A. 2　　　　B. 3

C. 5　　　　D. 10

5. 【刷重点】某招标项目，资格审查委员会有7人参加，其中技术、经济等方面的专家不得少于（　　）人。[单选]

A. 3　　　　B. 4

C. 5　　　　D. 6

6. 【刷重点】招标人对招标文件进行澄清或者修改的内容可能影响投标文件编制的，招标人应在投标截止时间至少（　　）日前，以书面形式通知所有获取招标文件的潜在投标人。[单选]

A. 20　　　　B. 15

C. 10　　　　D. 5

7. 【刷重点】评标方法有（　　）。[多选]

A. 综合评估法　　B. 分项评估法

C. 最低投标价法　　D. 经评审的最低投标价法

E. 综合得分法

8. 【刷重点】关于施工承包合同签订的说法，正确的有（　　）。[多选]

A. 招标人和中标人应在中标通知书发出之日起 20 日内，根据招标文件和中标人的投标文件订立书面合同

B. 合同的标的、价款、质量、履行期限等主要条款应当与招标文件和中标人的投标文件的内容一致

C. 招标人最迟应在书面合同签订后 15 日内向中标人和未中标的投标人退还投标保证金及银行同期存款利息

D. 招标人和中标人不得再行订立背离合同实质性内容的其他协议

E. 履约保证金不得超过中标合同金额的 10%

考点 2 合同计价方式

9. 【刷重点】对于建设规模大且技术复杂的工程，不宜采用（　　）。[单选]

A. 固定单价合同

B. 可调单价合同

C. 固定总价合同

D. 成本加酬金合同

10. 【刷重点】对于施工中有较大部分采用新技术、新工艺的工程，建设单位和施工单位缺乏经验，应选用（　　）。[单选]

A. 单价合同

B. 固定总价合同

C. 可调总价合同

D. 成本加酬金合同

11. 【刷重点】对于一些紧急工程，如灾后恢复工程等，宜选择（　　）。[单选]

A. 成本加酬金合同

B. 可调单价合同

C. 固定总价合同

D. 可调总价合同

12. 【刷重点】固定总价合同适用的情形有（　　）。[多选]

A. 合同履行中不会出现较大设计变更

B. 工程规模较小、技术不太复杂的中小型工程

C. 承包工作内容较为简单的工程部位

D. 工期较长（1 年以上）的工程

E. 工程量小、工期较短（一般为 1 年之内）

13. 【刷重点】可调总价合同常用的调价方法有（　　）。[多选]

A. 票据价格调整法
B. 财务报表法
C. 公式调价法
D. 统计资料法
E. 文件证明法

14. 【刷基础】下列适用于单价合同的工程有（　　）。[多选]

A. 工期长的工程
B. 工程量小的工程
C. 技术复杂的工程
D. 不可预见因素较多的大型工程
E. 初步设计完成后就进行招标的工程

15. 【刷基础】成本加酬金合同可分为（　　）。[多选]

A. 成本加固定酬金合同
B. 成本加固定百分比酬金合同
C. 目标成本加奖罚合同
D. 成本加浮动酬金合同
E. 目标成本加浮动酬金合同

考点 3　基于工程量清单的投标报价

16. 【刷基础】（　　）既是编制最高投标限价（招标控制价）的基础，也是施工单位投标报价的直接依据。[单选]

A. 工程量清单
B. 招标工程量清单
C. 已标价工程量清单
D. 综合单价

17. 【刷重点】用于施工合同签订时尚未确定或者不可预见的所需材料、设备、服务采购，施工中可能发生的工程变更、合同约定调整因素出现时的合同价款调整以及发生的索赔、现场签证确认等的费用是（　　）。[单选]

A. 暂估价
B. 暂列金额
C. 措施项目费
D. 总承包服务费

18. 【刷重点】（　　）是招标人在工程量清单中提供的用于支付必然发生但暂时不能确定价格的材料、工程设备的单价及专业工程的金额。[单选]

A. 其他项目费
B. 总承包服务费
C. 暂列金额
D. 暂估价

19. 【刷重点】分部分项工程量清单应载明（　　）。[多选]

A. 项目属性

B. 工程量

C. 计量单位

D. 项目编码

E. 项目特征

20. 【刷重点】规费包括（　　）。[多选]

A. 医疗保险费

B. 工伤保险费

C. 教育费附加

D. 住房公积金

E. 工程排污费

21. 【刷重点】综合单价包括（　　）。[多选]

A. 企业管理费

B. 人工费

C. 材料和工程设备费

D. 税金

E. 一定范围内的风险费用

22. 【刷基础】下列关于招标控制价的说法，正确的有（　　）。[多选]

A. 招标控制价由分部分项工程费、措施项目费、其他项目费组成

B. 分部分项工程和措施项目中的单价项目，应依据拟定的招标文件和招标工程量清单项目中的特征描述及有关要求确定综合单价

C. 暂列金额应按招标工程量清单中列出的金额填写

D. 暂估价中的材料、工程设备单价应按招标工程量清单中列出的单价计入综合单价，暂估价中的专业工程金额应按招标工程量清单中列出的金额填写

E. 计日工应按招标工程量清单中列出的项目，根据工程特点和有关计价依据确定综合单价计算

23. 【刷基础】投标报价的原则有（　　）。[多选]

A. 投标价应可由投标人委托专业咨询机构编制

B. 投标价应由投标人自主确定，但不得低于成本

C. 投标人必须按招标工程量清单填报价格，项目编码、项目名称、项目特征、计量单位、工程量必须与招标工程量清单一致

D. 投标价应只能由投标人自行编制

E. 投标价不能高于招标人设定的招标控制价，否则投标将作为废标处理

考点4 投标报价策略

24. 【刷重点】设计图纸不明确、估计修改后工程量要增加的，或者工程内容说明不清楚的，可以采用（　　）。[单选]

A. 多方案报价法

B. 不平衡报价法

C. 保本竞争法

D. 突然降价法

25. 【刷重点】招标文件中的工程范围不明确，条款不清楚或不公正，或技术规范要求过于苛刻的工程，可以采用（　　）。[单选]

A. 多方案报价法

B. 不平衡报价法

C. 保本竞争法

D. 突然降价法

26. 【刷重点】投标报价可选择报高价的情形有（　　）。[多选]

A. 大量土方工程

B. 支付条件不理想的工程

C. 港口码头、地下开挖工程

D. 投标对手多，竞争激烈的工程

E. 投标对手少的工程

27. 【刷难点】下列适宜采用保本竞标法的情形有（　　）。[多选]

A. 前期能够早日结算的项目

B. 经过工程量核算，预计今后工程量会增加的项目

C. 有可能在中标后，将大部分工程分包给索价较低的一些分包商

D. 较长时期内，施工单位没有在建工程项目，如果再不中标，就难以维持生存

E. 对于分期建设的工程项目，先以低价获得首期工程，而后赢得机会创造第二期工程中的竞争优势，并在以后的工程实施中获得盈利

考点5 施工投标文件

28. 【刷基础】施工投标文件通常包括（　　）。[多选]

A. 技术标书

B. 施工方案

C. 投标函及其他有关文件

D. 施工组织设计

E. 商务标书

29. 【刷基础】下列关于施工投标文件密封的说法，正确的有（　　）。[多选]

A. 在投标文件密封前进行仔细核对检查，以防漏装或错装

B. 在密封投标文件时，还应将报价单、投标文件电子版光盘、投标保函复印件等需要密封的放入密封袋

C. 密封袋封口后，需要按招标文件要求加盖投标人公章

D. 密封袋封口后，由投标人技术负责人签名或盖章

E. 密封的施工投标文件可在投标截止日前在招标文件载明的地点递交招标人

第二节　合同管理

考点1 施工合同管理

30. 【刷重点】根据解释合同文件的优先顺序，图纸之后应是（　　）。[单选]

A. 中标通知书

B. 技术标准和要求

C. 投标函及投标函附录

D. 已标价工程量清单

31. 【刷重点】监理人应在开工日期（　　）天前向承包人发出开工通知。[单选]

A. 5　　B. 7

C. 10　　D. 21

32. 【刷重点】发包人要求承包人提前竣工，或承包人提出提前竣工的建议能够给发包人带来效益的，奖励金额可为发包人实际效益的（　　）。[单选]

A. 10%　　B. 15%

C. 20%　　D. 30%

33. 【刷重点】由于发包人原因发生暂停施工的紧急情况，且监理人未及时下达暂停施工指示的，承包人可先暂停施工，并及时向监理人提出暂停施工的书面请求。监理人应在接到书面请求后的（　　）内予以答复。[单选]

A. 12h　　B. 24h

C. 28h　　D. 56h

34. 【刷基础】发包人应在材料和工程设备到货（　　）天前通知承包人，承包人应会同监理人在约定的时间内，赴交货地点共同进行验收。[单选]

A. 7　　B. 10

C. 14　　D. 28

35. 【刷基础】发包人应在监理人收到进度付款申请单后的（　　）天内，将进度应付款支付给承包人。[单选]

A. 7　　B. 14

C. 21　　D. 28

36. 【刷基础】发包人应在工程开工后的28天内预付不低于当年施工进度计划的安全文明施工费总额的（　　）。[单选]

A. 30%　　B. 50%

C. 60%　　D. 70%

37. 【刷基础】根据《标准施工招标文件》，变更指示只能由（　　）发出。[单选]

A. 监理人　　B. 业主

C. 设计人　　　　　　　　　　　　　　　　　D. 建设主管部门

38. 【刷重点】某工程项目承包人在 2020 年 7 月 12 日向发包人提交了竣工验收报告，发包人收到报告后，于 2020 年 8 月 5 日组织竣工验收，参加验收各方于 2020 年 8 月 10 日签署有关竣工验收合格的文件，发包人于 2020 年 8 月 20 日按照有关规定办理了竣工验收备案手续，本项目的实际竣工日期为（　　）。[单选]

A. 2020 年 8 月 10 日

B. 2020 年 7 月 12 日

C. 2020 年 8 月 5 日

D. 2020 年 8 月 20 日

39. 【刷重点】某工程项目承包人于 2022 年 5 月 1 日按合同规定向监理人报送竣工验收申请报告，但直到 2022 年 7 月中旬，发包人一直没有组织竣工验收。根据《标准施工招标文件》中“通用合同条款”的规定，下列说法正确的是（　　）。[单选]

A. 承包人应继续承担工程保管责任

B. 承包人可以自行组织竣工验收

C. 应视为验收合格，实际竣工日期以收到承包人竣工验收申请报告后的第 56 天为准

D. 应视为验收合格，实际竣工日期以承包人提交竣工验收申请报告的日期为准

40. 【刷难点】按照《建设工程施工合同（示范文本）》，某工程签订了单价合同，在执行过程中，某分项工程原清单工程量为 1 000m^3，综合单价为每立方米 25 元，后因业主方原因实际工程量变更为 1 500m^3，合同中约定：若实际工程量超过计划工程量 15%以上，超过部分综合单价调整为每立方米 23 元。不考虑其他因素，则该分项工程的结算款应为（　　）元。[单选]

A. 36 800　　　　　　　　　　　　　　　　B. 35 000

C. 33 750　　　　　　　　　　　　　　　　D. 32 875

41. 【刷难点】某现浇混凝土工程采用单价合同，招标工程量清单中的工程数量为 3 000m^3；合同约定：综合单价为每立方米 800 元，当实际工程量超过清单中工程数量的 15%时，综合单价调整为原单价的 0.9。工程结束时经监理工程师确认的实际完成工程量为 3 500m^3，则现浇混凝土工程款应为（　　）万元。[单选]

A. 240.0　　　　　　　　　　　　　　　　B. 252.0

C. 279.6　　　　　　　　　　　　　　　　D. 276.0

42. 【刷重点】根据《标准施工招标文件》，合同工程接收证书颁发前发生的索赔事件，承包人有权提出索赔的最迟时间节点是（　　）。[单选]

A. 承包人接受竣工付款证书之日

B. 发包人颁发工程接收证书之日

C. 承包人提交最终结清申请单之日

D. 发包人实际支付竣工结算价款之日

43. 【刷重点】根据《标准施工招标文件》中的通用条款，承包人按合同约定提交的最终结

清申请单中，只限于提出（　　）的索赔。[单选]

A. 在合同工程接收证书颁发前

B. 在合同工程接收证书颁发后

C. 在竣工付款证书接收前

D. 在缺陷责任期终止证书颁发后

44. 【刷重点】下列关于开工日期争议解决的说法，错误的是（　　）。[单选]

A. 承包人经发包人同意已经实际进场施工的，以发包人同意的日期为开工日期

B. 开工日期为发包人或者监理人发出的开工通知载明的开工日期

C. 开工通知发出后，尚不具备开工条件的，以开工条件具备的时间为开工日期

D. 因承包人原因导致开工时间推迟的，以开工通知载明的时间为开工日期

45. 【刷基础】当事人未约定工程质量保证金返还期限的，自建设工程通过竣工验收之日起满（　　），承包人请求发包人返还工程质量保证金的，人民法院应予支持。[单选]

A. 90 天　　B. 180 天

C. 1 年　　D. 2 年

46. 【刷重点】发包人主要义务有（　　）。[多选]

A. 提供施工场地

B. 组织设计交底

C. 测设施工控制网

D. 组织竣工验收

E. 查勘施工现场

47. 【刷重点】承包人主要义务有（　　）。[多选]

A. 支付合同价款

B. 负责施工场地及其周边环境与生态的保护工作

C. 负责施工现场内交通道路和临时工程

D. 保证工程施工和人员的安全

E. 工程的维护和照管

48. 【刷重点】在履行合同过程中，承包人有权要求发包人延长工期和（或）增加费用，并支付合理利润的情形有（　　）。[多选]

A. 要求提前竣工

B. 增加合同工作内容

C. 因发包人原因导致的暂停施工

D. 改变合同中任何一项工作的质量要求或其他特性

E. 提供图纸延误

49. 【刷重点】下列暂停施工增加的费用和（或）工期延误由承包人承担的有（　　）。[多选]

A. 因发包人原因暂停施工

B. 由于承包人原因为工程合理施工和安全保障所必需的暂停施工

C. 承包人违约引起的暂停施工

D. 承包人擅自暂停施工

E. 监理人发出暂停施工指示

50. 【刷难点】下列关于工程隐蔽部位覆盖前的检查的说法，正确的有（　　）。[多选]

A. 经承包人自检确认的工程隐蔽部位具备覆盖条件后，承包人应通知监理人在约定的期限内检查

B. 监理人未按合同约定的时间进行检查的，除监理人另有指示外，承包人可自行完成覆盖工作，并作相应记录报送监理人，监理人应签字确认

C. 承包人按合同约定覆盖工程隐蔽部位后，监理人对质量有疑问的，可要求承包人对已覆盖的部位进行钻孔探测或揭开重新检验，承包人应遵照执行，并在检验后重新覆盖恢复原状

D. 经检验证明工程质量符合合同要求的，由发包人承担由此增加的费用和（或）工期延误，并支付承包人合理利润；经检验证明工程质量不符合合同要求的，由此增加的费用和（或）工期延误由承包人承担

E. 承包人未通知监理人到场检查，私自将工程隐蔽部位覆盖的，监理人有权指示承包人钻孔探测或揭开检查，由此增加的费用和（或）工期延误由发包人和承包人共同承担

51. 【刷难点】下列关于竣工结算的说法，正确的有（　　）。[多选]

A. 监理人在收到承包人提交的竣工付款申请单后的 14 天内完成核查，提出发包人到期应支付给承包人的价款送发包人审核并抄送承包人

B. 发包人应在收到后 7 天内审核完毕，由监理人向承包人出具经发包人签认的竣工付款证书

C. 监理人未在约定时间内核查，又未提出具体意见的，视为承包人提交的竣工付款申请单已经监理人核查同意

D. 发包人应在监理人出具竣工付款证书后的 14 天内，将应支付款支付给承包人

E. 除专用合同条款另有约定外，竣工付款申请单应包括竣工结算合同总价、发包人已支付承包人的工程价款、应扣留的质量保证金、应支付的竣工付款金额

52. 【刷重点】根据《标准施工招标文件》，变更的范围和内容包括（　　）。[多选]

A. 取消合同中任何一项工作转由其他人实施

B. 改变合同中任何一项工作的质量或其他特性

C. 改变合同工程的基线、标高、位置或尺寸

D. 改变合同中任何一项工作的施工时间

E. 改变合同中任何一项工作的已批准的施工工艺或顺序

53. 【刷重点】下列关于变更估价原则的说法，正确的有（　　）。[多选]

A. 已标价工程量清单中有适用于变更工作的子目的，采用该子目的单价

B. 已标价工程量清单中无适用于变更工作的子目，但有类似子目的，可在合理范围内

参照类似子目的单价，由监理人按发包人与承包人商定或确定变更工作的单价

C. 已标价工程量清单中无适用于变更工作的子目，但有类似子目的，可在合理范围内参照类似子目的单价，由监理人按总监理工程师与合同当事人商定或确定变更工作的单价

D. 已标价工程量清单中无适用或类似子目的单价，可按照成本加费用的原则，由监理人按发包人与承包人商定或确定变更工作的单价

E. 已标价工程量清单中无适用或类似子目的单价，可按照成本加利润的原则，由监理人按总监理工程师与合同当事人商定或确定变更工作的单价

54. 【刷重点】当工程变更导致清单项目的工程量偏差超过15%时，可调整综合单价。下列调整的原则中，正确的有（　　）。[多选]

A. 当工程量增加15%以上时，增加部分的工程量的综合单价应予调高

B. 当工程量增加15%以上时，增加部分的工程量的综合单价应予调低

C. 当工程量减少15%以上时，减少后的工程量综合单价应予调高

D. 当工程量减少15%以上时，减少后剩余部分的工程量综合单价应予调高

E. 当工程量减少15%以上时，减少后剩余部分的工程量综合单价应予调低

55. 【刷重点】采用计日工计价的任何一项变更工作，应从暂列金额中支付，承包人应在该项变更的实施过程中，每天应提交的报表和有关凭证有（　　）。[多选]

A. 工作名称、内容和数量

B. 投入该工作的材料类别和数量

C. 投入该工作的施工技术措施

D. 投入该工作所有人员的姓名、工种、级别和耗用工时

E. 投入该工作的施工设备型号、台数和耗用台时

56. 【刷基础】承包人向监理人报送竣工验收申请报告应当具备的条件有（　　）。[多选]

A. 合同范围内的全部单位工程以及有关工作均已完成

B. 已按合同约定的内容和份数备齐了符合要求的竣工资料

C. 已提交监理人要求提交的竣工验收资料清单

D. 已按监理人的要求编制了在缺陷责任期内完成的尾工（甩项）工程工作清单以及相应施工计划

E. 已按监理人的要求编制了缺陷修补工作清单以及相应施工计划

57. 【刷难点】下列关于竣工验收的说法，正确的有（　　）。[多选]

A. 监理人审查后认为已具备竣工验收条件的，应在收到竣工验收申请报告后的28天内提请发包人进行工程验收

B. 发包人经过验收后同意接收工程的，应在监理人收到竣工验收申请报告后的28天内，由监理人向承包人出具经发包人签认的工程接收证书

C. 发包人验收后不同意接收工程的，监理人应按照发包人的验收意见发出指示，要求承包人对不合格工程认真返工重做或进行补救处理，并承担由此产生的费用

D. 在施工期运行中发现工程或工程设备损坏或存在缺陷的，由承包人按合同规定进行

修复

E. 竣工清场费用由发包人承担

58. 【刷难点】根据《标准施工招标文件》，下列关于单位工程竣工验收的说法，正确的有（　　）。[多选]

A. 发包人在全部工程竣工前需使用已竣工的单位工程时，可进行验收

B. 单位工程竣工验收成果和结论作为全部工程竣工验收申请报告的附件

C. 单位工程验收合格后，发包人向承包人出具经总监理工程师认可的单位工程验收证书

D. 已签发单位工程接收证书的单位工程由承包人负责照管

E. 发包人在全部工程竣工前，使用已接收的单位工程导致承包人费用增加的，发包人应承担由此增加的费用和（或）工期延误，并支付承包人合理利润缺陷责任与保修责任

59. 【刷重点】在合同工程履行期间，因不可抗力事件导致的合同价款和工期调整，下列说法正确的有（　　）。[多选]

A. 承包人在停工期间按照发包人要求修复工程的费用由承包人承担

B. 承包人施工设备的损坏由发包人承担

C. 永久工程损坏由发包人承担

D. 因不可抗力引起工期延误，发包人要求赶工的，赶工费用由发包人承担

E. 发包人和承包人承担各自人员伤亡和财产损失

60. 【刷重点】在履行合同过程中，下列情形属于发包人违约的有（　　）。[多选]

A. 发包人原因造成停工的

B. 监理人无正当理由没有在约定期限内发出复工指示，导致承包人无法复工的

C. 发包人未能按合同约定支付预付款或合同价款的

D. 发包人拖延、拒绝批准付款申请和支付凭证，导致付款延误的

E. 由不可抗力造成承包人窝工的

61. 【刷重点】下列关于实际竣工日期争议解决的说法，正确的有（　　）。[多选]

A. 建设工程经竣工验收合格的，以提交竣工验收报告之日为竣工日期

B. 建设工程经竣工验收合格的，以竣工验收合格之日为竣工日期

C. 承包人已经提交竣工验收报告，发包人拖延验收的，以竣工验收合格之日为竣工日期

D. 承包人已经提交竣工验收报告，发包人拖延验收的，以承包人提交验收报告之日为竣工日期

E. 建设工程未经竣工验收，发包人擅自使用的，以转移占有建设工程之日为竣工日期

62. 【刷重点】下列关于工程价款利息争议解决的说法，正确的有（　　）。[多选]

A. 利息从应付工程价款之日开始计付

B. 建设工程已实际交付的，为验收合格之日

C. 建设工程已实际交付的，为交付之日

D. 建设工程没有交付的，为提交竣工结算文件之日

E. 建设工程未交付，工程价款也未结算的，为当事人起诉之日

考点2 专业分包合同管理

63. 【刷基础】根据《建设工程施工专业分包合同（示范文本）》（GF—2003—0213），承包人应当向分包人提供（　　）。[单选]

A. 全套总包合同供分包人查阅

B. 合同专用条款中约定的设备和设施，费用由分包人承担

C. 组织分包人参加承包人组织的图纸会审

D. 与分包工程相关的各种证件、批件和各种相关资料

64. 【刷重点】根据《建设工程施工专业分包合同（示范文本）》（GF—2003—0213），下列关于分包人与发包人关系的说法，正确的是（　　）。[单选]

A. 分包人可根据需要与发包人发生直接工作关系

B. 分包人可就工程管理中的事件直接致函发包人

C. 分包人可直接接受发包人或监理人的工作指令

D. 分包人须服从承包人转发的发包人与分包工程有关的指令

65. 【刷重点】根据《建设工程施工专业分包合同（示范文本）》（GF—2003—0213），下列关于施工专业分包合同的说法，错误的是（　　）。[单选]

A. 承包人应提供总包合同（有关承包工程的价格内容除外）供分包人查阅

B. 分包人应履行并承担总包合同中与分包工程有关的承包人的所有义务与责任

C. 分包合同价款与总承包合同相应部分价款存在连带关系

D. 分包合同约定的工程变更调整的合同价款，应与工程进度款同期调整支付

66. 【刷重点】根据《建设工程施工专业分包合同（示范文本）》（GF—2003—0213），承包人应在收到分包工程竣工结算报告及结算资料后（　　）天内支付竣工结算款。[单选]

A. 28　　B. 7

C. 14　　D. 56

67. 【刷重点】根据《建设工程施工专业分包合同（示范文本）》（GF—2003—0213），下列属于承包人的工作的有（　　）。[多选]

A. 向分包人提供与分包工程相关的各种证件

B. 组织分包人参加发包人组织的图纸会审

C. 提供本合同专用条款中约定的设备和设施，并承担因此发生的费用

D. 为运至施工场地内用于分包工程的材料和待安装设备办理保险

E. 应按照分包合同的约定，对分包工程进行设计（分包合同有约定时）、施工、竣工和保修

68. 【刷重点】根据《建设工程施工专业分包合同（示范文本）》（GF—2003—0213），分包人的工作包括（　　）。[多选]

A. 对分包工程进行施工、竣工和保修

B. 向承包人提供详细施工组织设计

C. 负责整个施工场地的管理工作

D. 负责已完分包工程的成品保护工作

E. 为发包人进入分包工程施工场地提供方便

69. 【刷难点】工程项目发包人与承包人签订了施工合同，承包人与分包人签订了专业工程分包合同。在分包合同履行过程中，下列分包人的做法正确的有（　　）。[多选]

A. 未经承包人允许，分包人不得以任何理由与发包人或监理人发生直接工作联系

B. 分包人可以直接致函发包人或监理人

C. 一般情况下，分包人可以直接接受发包人或监理人的指令

D. 分包人无须接受承包人转发的发包人或监理人与分包工程有关的指令

E. 如分包人与发包人或监理人发生直接工作联系，将被视为违约，并承担违约责任，赔偿因其违约给承包人造成的经济损失

考点3 劳务分包合同管理

70. 【刷基础】根据《建设工程施工劳务分包合同（示范文本）》（GF—2003—0214），劳务分包合同中，劳务分包人应（　　）。[单选]

A. 负责工程测量定位、沉降观测、技术交底

B. 负责与发包人、监理、设计及有关部门联系，协调现场工作关系

C. 负责编制施工组织设计，统一制定各项管理目标

D. 严格按照设计图纸、施工验收规范、有关技术要求及施工组织设计精心组织施工

71. 【刷重点】根据《建设工程施工劳务分包合同（示范文本）》（GF—2003—0214），下列各项施工任务中，不属于劳务分包人的主要义务的是（　　）。[单选]

A. 不得擅自与发包人及有关部门建立工作联系

B. 严格按照设计图纸精心组织施工

C. 服从工程承包人转发的发包人及监理人的指令

D. 编制施工进度计划统计报表

72. 【刷重点】根据《建设工程施工劳务分包合同（示范文本）》（GF—2003—0214），下列关于保险的说法，正确的是（　　）。[单选]

A. 劳务分包人必须为从事危险作业的职工办理意外伤害保险，并支付保险费用

B. 运至施工现场用于劳务施工的材料，由劳务分包人办理保险并支付保险费用

C. 工程承包人提供给劳务分包人使用的设备由劳务分包人办理保险，并支付保险费用

D. 劳务分包人开始施工前，应由发包人为施工现场所有人员办理保险，由劳务分包人支付费用

73. 【刷基础】全部工作完成，经工程承包人认可后（　　）天内，劳务分包人向工程承包人递交完整的结算资料，按照合同约定进行劳务报酬的最终支付。[单选]

A. 7　　　　B. 14

C. 28　　　　D. 42

74. 【刷难点】某建设工程项目中，甲公司作为工程发包人与乙公司签订了工程承包合同，

乙公司又与劳务分包人丙公司签订了该工程的劳务分包合同。下列关于丙公司应承担义务的说法，正确的有（　　）。[多选]

A. 丙公司须服从乙公司转发的发包人及工程师的指令

B. 丙公司应自觉接受乙公司及有关部门的管理、监督和检查

C. 丙公司未经乙公司授权或允许，不得擅自与甲公司及有关部门建立工作联系

D. 丙公司应对其作业内容的实施、完工负责

E. 丙公司负责组织实施施工管理的各项工作，对工期和质量向发包人负责

75. 【刷重点】建设工程施工劳务分包合同中，由劳务分包人负责办理，并支付保险费用的有（　　）。[多选]

A. 工程承包人租赁或提供给劳务分包人使用的施工机械设备

B. 运至施工场地用于劳务施工的材料和待安装设备

C. 第三方人员生命财产

D. 施工场地内劳务分包人自有人员生命财产和施工机械设备

E. 从事危险作业的劳务分包人的职工办理意外伤害保险

76. 【刷难点】劳务报酬的计算方式有（　　）。[多选]

A. 固定劳务报酬（含管理费）

B. 约定不同工作成果的计件单价（含管理费），按确认的工程量计算

C. 约定不同工作成果的计件单价（不含管理费），按确认的工程量计算

D. 约定不同工种劳务的计时单价（含管理费），按确认的工时计算

E. 约定不同工种劳务的计时单价（不含管理费），按确认的工时计算

考点4 材料设备采购合同管理

77. 【刷基础】材料（设备）采购合同生效后，买方在收到卖方开具的注明应付预付款金额的财务收据正本一份并经审核无误后28日内，向卖方支付签约合同价的（　　）作为预付款。[单选]

A. 5%

B. 10%

C. 15%

D. 20%

78. 【刷重点】下列关于设备采购合同迟延交付违约金的计算方法，正确的有（　　）。[多选]

A. 迟延付款违约金的计算基数为迟延付款金额

B. 从迟交的第一周到第四周，每周迟延交付违约金为迟交合同设备价格的0.5%

C. 从迟交的第五周到第八周，每周迟延交付违约金为迟交合同设备价格的1%

D. 从迟交的第五周到第八周，每周迟延交付违约金为迟交合同设备价格的1.5%

E. 从迟交第九周起，每周迟延交付违约金为迟交合同设备价格的1.5%

第三节　施工承包风险管理及担保保险

考点1　施工承包风险管理

79. 【刷基础】下列不属于施工项目本身的风险的是（　　）。[单选]

A. 施工质量安全风险

B. 施工组织管理风险

C. 政策风险

D. 工程款支付及结算风险

80. 【刷重点】下列属于工程分包风险的有（　　）。[多选]

A. 分包工程内容不合法

B. 分包单位主体资格不合法

C. 允许他人借用本企业营业执照及资质证书承揽工程

D. 分包单位施工质量安全管理责任制落实不到位

E. 分包合同条款不完备

81. 【刷基础】施工承包风险管理包括（　　）等环节。[单选]

A. 风险识别、风险评估、风险应对、风险监控

B. 风险计划、风险分析、风险评估、风险应对

C. 风险识别、风险分析、风险应对、风险监控

D. 风险规划、风险评估、风险自留、风险转移

82. 【刷重点】施工风险识别维度有（　　）。[多选]

A. 项目相关方影响

B. 自然条件与社会条件

C. 合同约定条件

D. 项目经理的经验

E. 市场情况

83. 【刷重点】施工风险识别方法有（　　）。[多选]

A. 初始清单法

B. 专家调查法

C. 流程图法

D. 财务报表法

E. 因果预测法

84. 【刷重点】风险评估内容主要包括（　　）。[多选]

A. 风险发生的可能性

B. 风险等级

C. 风险损失量
D. 风险源的类型
E. 风险因素发生的概率

85. 【刷重点】风险应对的策略有（　　）。[多选]
A. 风险规避
B. 风险减轻
C. 风险自留
D. 风险降低
E. 风险转移

考点2 工程担保

86. 【刷重点】招标人在招标文件中要求投标人提交投标保证金的，投标保证金不得超过招标项目估算价的（　　）。[单选]
A. 2%　　B. 3%
C. 5%　　D. 10%

87. 【刷重点】根据《标准施工招标文件》，担保金额在担保有效期内随着工程款支付可以逐期减少的担保是（　　）。[单选]
A. 投标担保
B. 履约担保
C. 预付款担保
D. 支付担保

88. 【刷难点】下列关于预付款担保的说法，正确的有（　　）。[多选]
A. 预付款担保是发包人提交给承包人的担保
B. 预付款担保的主要作用是保证发包人按时提供工程预付款
C. 预付款保函的担保金额应与预付款金额相同
D. 预付款担保的主要形式是担保公司提供的保证担保
E. 预付款保函的担保金额可根据预付款扣回的金额相应递减

89. 【刷重点】履约担保的形式有（　　）。[多选]
A. 履约保函
B. 履约保证金
C. 履约担保书
D. 银行汇票
E. 现金支票

考点3 工程保险

90. 【刷重点】根据《标准施工招标文件》，工程保险应由（　　）投保。[单选]
A. 承包人

B. 监理人

C. 发包人

D. 发包人和承包人的共同名义

91. 【刷难点】下列关于工程保险的说法，正确的有（ ）。[多选]

A. 狭义的工程保险包括建筑工程一切险、安装工程一切险

B. 安装工程一切险的投保人和被保险人与建筑工程一切险不同

C. 建筑工程一切险以发包人和承包人的共同名义投保

D. 被保险人包括发包人、总承包人、分包人、发包人聘用的监理人员、与工程有密切关系的单位或个人

E. 安装工程一切险的保险期限自投保工程动工之日起直至工程交付使用之日止

参考答案

1. D	2. B	3. A	4. B	5. C	6. B
7. AD	8. BDE	9. C	10. D	11. A	12. ABCE
13. ACE	14. ACDE	15. ABCD	16	17. B	18
19. BCDE	20. ABDE	21. ABCE	22. BCDE	23. ABCE	24. B
25. A	26. BCE	27. CDE	28. ACE	29. ABCE	30. D
31. B	32. C	33. B	34. A	35. D	36. D
37. A	38. B	39. D	40. A	41. C	42. A
43. B	44. A	45. D	46. ABD	47. BCDE	48. BCDE
49. BCD	50. ABCD	51. ACDE	52. BCDE	53. ACE	54. BD
55. ABDE	56. BCDE	57. ACD	58. ABE	59. CDE	60. ABCD
61. BDE	62. ACDE	63. D	64. D	65. C	66. A
67. ABCD	68. ABDE	69. AE	70. D	71. D	72. A
73. B	74. ABCD	75. DE	76. ABD	77. B	78. ABCE
79. C	80. ABCE	81. A	82. ABCE	83. ABCD	84. BCE
85. ABCE	86. A	87. C	88. CE	89. ABC	90. D
91. ACD					

学习总结

第三章 施工进度管理

第一节　施工进度影响因素与进度计划系统

考点　施工进度计划系统及表达形式

1. 【刷基础】下列不属于按项目组成编制的施工进度计划的是（　　）。[单选]

A. 单位工程施工进度计划

B. 单项工程施工进度计划

C. 施工总进度计划

D. 分部分项工程进度计划

2. 【刷基础】下列关于横道图计划的特点，说法正确的是（　　）。[单选]

A. 计划调整只能用计算机方式进行

B. 工作之间的逻辑关系不易表达清楚

C. 能计算总时差

D. 只适用于大的进度计划系统

3. 【刷重点】某项目基础施工的横道图进度计划见表3-1，第三周的施工人数是（　　）人。[单选]

表3-1　某项目基础施工的横道图进度计划

序号	任务名称	班组人数	持续时间	进度计划/周				
				1	2	3	4	5
1	基槽开挖	12人	2周	——	——			
2	混凝土基（垫）层	6人	2周		——	——		
3	砖基础	16人	2周			——	——	
4	土方回填	4人	2周				——	——

A. 22　　B. 12

C. 18　　D. 24

第二节　流水施工进度计划

考点1　流水施工特点及其参数

4. 【刷基础】工程施工组织方式通常有（　　）。[多选]

A. 按图施工　　B. 依次施工

C. 垂直施工　　D. 平行施工

E. 流水施工

5. 【刷重点】流水施工的时间参数包括（　　）。[多选]

A. 流水节拍

B. 流水步距

C. 施工过程

D. 流水强度

E. 流水施工工期

考点2 流水施工基本方式

6. 【刷重点】某工程分为Ⅰ、Ⅱ、Ⅲ、Ⅳ四个施工过程，各施工过程的流水节拍均为4天。其中，施工过程Ⅰ与Ⅱ之间有2天提前插入时间，Ⅲ与Ⅳ之间有1天技术间歇时间，则该工程流水施工工期为（　　）天。[单选]

A. 20　　B. 22

C. 23　　D. 27

7. 【刷难点】某基础工程开挖与浇筑混凝土共两个施工过程，在4个施工段组织流水施工，流水节拍分别为4、3、2、5天与3、2、4、3天，则流水步距与流水施工工期分别为（　　）天。[单选]

A. 5和17　　B. 5和19

C. 4和16　　D. 4和26

8. 【刷重点】关于非节奏流水施工的说法，正确的有（　　）。[多选]

A. 各施工段间可能有间歇时间

B. 相邻施工过程间的流水步距可能不等

C. 各施工过程在各施工段上可能不连续作业

D. 专业工作队数目与施工过程数目可能不等

E. 各施工过程在各施工段上的流水节拍可能不等

第三节　工程网络计划技术

考点1 双代号网络计划绘图规则

9. 【刷基础】下列关于双代号网络图绘制规则的说法，正确的是（　　）。[单选]

A. 箭线不能交叉

B. 虚箭线一般起着工作之间的联系、区分和断路三个作用

C. 只能有一条关键线路

D. 可以有两个终点节点

10. 【刷难点】双代号网络图如图 3-1 所示，存在的绘图错误是（　　）。[单选]

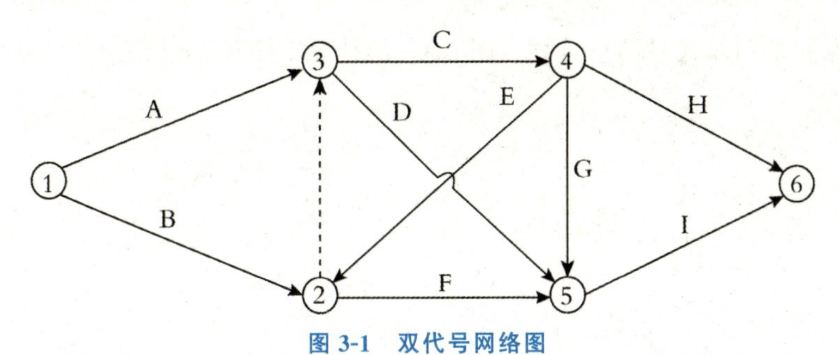

图 3-1　双代号网络图

A. 在多个终点节点

B. 存在曲线形状的箭线

C. 出现循环回路

D. 存在多余的虚箭线

11. 【刷重点】某工程施工进度计划如图 3-2 所示，下列说法中，正确的有（　　）。[多选]

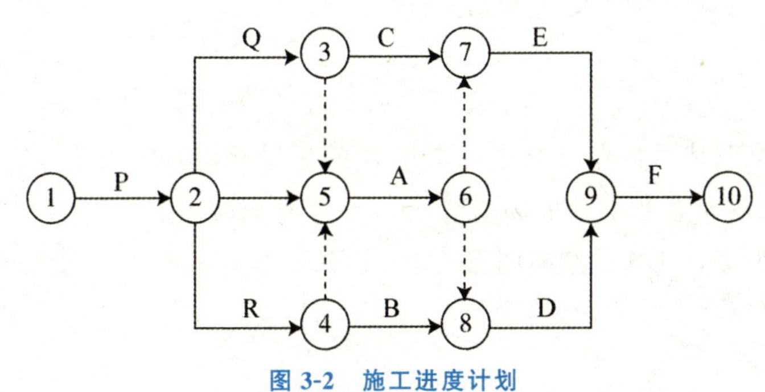

图 3-2　施工进度计划

A. 工作 R 的紧后工作有工作 A、B

B. 工作 E 的紧前工作只有工作 C

C. 工作 D 的紧后工作只有工作 F

D. 工作 P 没有紧前工作

E. 工作 A 的紧后工作有工作 D、E

12. 【刷重点】下列关于双代号网络计划绘图规则说法，正确的有（　　）。[多选]

A. 网络图必须正确表达各工作间的逻辑关系

B. 网络图中可以出现循环回路

C. 网络图中一个节点只有一条箭线引出

D. 网络图中严禁出现没有箭头节点或没有箭尾节点的箭线

E. 网络图只有一个起点节点和一个终点节点

考点2 双代号网络计划时间参数的计算

13. 【刷重点】下列双代号网络计划（图3-3）的计算工期和工作F的总时差分别是（　　）。[单选]

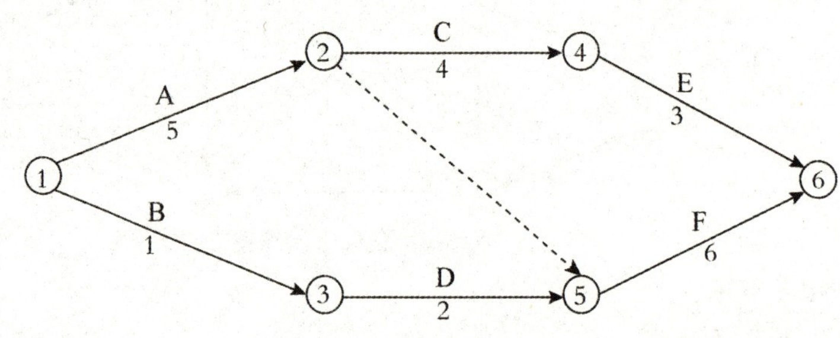

图3-3　双代号网络计划

A. 11和0　　B. 11和1

C. 12和1　　D. 12和0

14. 【刷基础】某工作最早从第4天开始，总时差为2天，持续时间为6天，该工作的最迟完成时间是第（　　）天。[单选]

A. 9　　B. 11

C. 10　　D. 12

15. 【刷难点】某双代号网络计划中，工作K的最早开始时间为第6天，工作持续时间为4天；工作M的最迟完成时间为第22天，工作持续时间为10天；工作N的最迟完成时间为第20天，工作持续时间为5天。已知工作K只有M、N两项紧后工作，工作K的总时差为（　　）天。[单选]

A. 2　　B. 3

C. 5　　D. 6

16. 【刷重点】某建设工程网络计划中，工作A的自由时差为5天，总时差为7天。监理工程师在检查施工进度时发现只有该工作实际进度拖延，且影响总工期3天，则该工作实际进度比计划进度拖延（　　）天。[单选]

A. 3　　B. 5

C. 8　　D. 10

17. 【刷难点】下列关于总时差、自由时差和间隔时间相互关系的说法，正确的是（　　）。[单选]

A. 自由时差一定不超过其与紧后工作的间隔时间

B. 与其紧后工作间隔时间均为0的工作，总时差一定为0

C. 工作的自由时差为0，总时差一定为0

D. 总时差为0的工作是关键工作

18. 【刷难点】双代号网络图如图 3-4 所示，总时差等于自由时差且不为零的工作有（　　）。[多选]

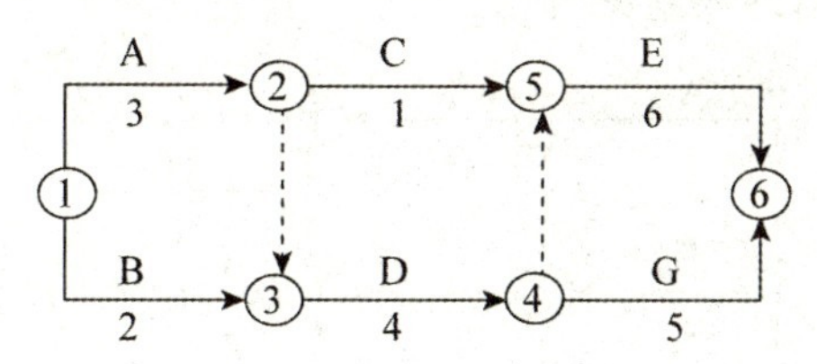

图 3-4　双代号网络图

A. 工作 A　　B. 工作 B

C. 工作 C　　D. 工作 G

E. 工作 E

考点 3　单代号网络计划时间参数的计算

19. 【刷重点】某单代号网络计划中，某工作最早第 3 天开始，工作持续 3 天，紧后工作的最迟开始时间是第 9 天，总时差是 2 天，则这两项工作的间隔时间是（　　）天。[单选]

A. 2　　B. 1

C. 3　　D. 5

20. 【刷基础】下列单代号网络计划工作及时间参数的表示方法，正确的有（　　）。[多选]

A.

ES_i　TF_i　EF_i

工作代号

工作名称

持续时间

LS_i　FF_i　LF_i

B.

工作代号	工作名称	持续时间
ES_i	EF_i	TF_i
LS_i	LF_i	FF_i

C.

ES_i　TF_i　LS_i

工作代号

工作名称

持续时间

EF_i　FF_i　LF_i

D.

工作代号	ES_i	LS_i
工作名称	TF_i	FF_i
持续时间	EF_i	LF_i

E.

工作代号	ES_i	EF_i
工作名称	TF_i	FF_i
持续时间	LS_i	LF_i

考点4 网络计划中关键工作、关键线路的确定方法

21. 【刷重点】某双代号网络计划如图3-5所示，其关键线路有（　　）条。[单选]

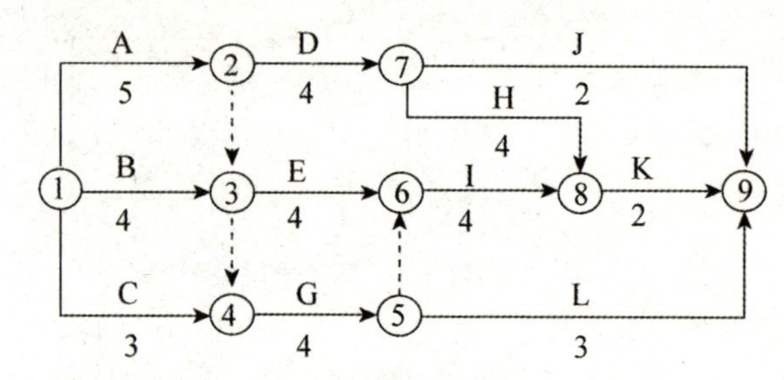

图3-5　双代号网络计划

A. 1　　B. 2

C. 3　　D. 4

22. 【刷难点】某网络计划中，已知工作M的持续时间为6天，总时差和自由时差分别为3天和1天；检查中发现该工作实际持续时间为9天，则其对工程的影响是（　　）。[单选]

A. 既不影响总工期，也不影响其紧后工作的正常进行

B. 使其紧后工作的最迟开始时间推迟3天，并使总工期延长1天

C. 使其紧后工作的最早开始时间推迟1天，并使总工期延长3天

D. 不影响总工期，但使其紧后工作的最早开始时间推迟2天

23. 【刷重点】当计算工期超过计划工期时，可压缩关键工作的持续时间以满足要求，在确定缩短持续时间的关键工作时，宜选择（　　）。[多选]

A. 有多项紧前工作的工作

B. 缩短持续时间对质量和安全影响不大的工作

C. 有充足备用资源的工作

D. 缩短持续时间所增加的费用最少的工作

E. 单位时间消耗资源量大的工作

第四节　施工进度控制

考点1 施工进度计划实施中的检查与分析

24. 【刷基础】通过实际进度与计划进度的比较分析，发现有进度偏差时，首先需要分析（　　）。[单选]

A. 进度偏差对后续工作的影响

B. 进度偏差对总工期的影响

C. 进度偏差产生原因

D. 施工进度计划的可行性

25.【刷重点】下列关于进度偏差对后续工作及总工期的影响，说法正确的有（　　）。[多选]

A. 当工作实际进度拖后的时间（偏差）未超过该工作的自由时差时，则该工作实际进度偏差既不影响该工作后续工作的正常进行，也不会影响总工期

B. 当工作实际进度拖后的时间（偏差）未超过该工作的自由时差时，则该工作实际进度偏差不影响该工作后续工作的正常进行，但会影响总工期

C. 当工作实际进度拖后的时间（偏差）超过该工作的自由时差，但未超过该工作的总时差时，则该工作实际进度偏差会影响该工作后续工作的正常进行，但不会影响总工期

D. 当工作实际进度拖后的时间（偏差）超过该工作的自由时差，但未超过该工作的总时差时，则该工作实际进度偏差不会影响该工作后续工作的正常进行，但会影响总工期

E. 当工作实际进度拖后的时间（偏差）超过该工作的总时差时，则既影响该工作后续工作的正常进行，也会影响总工期

考点2 施工进度计划调整方法及措施

26.【刷难点】下列施工进度计划调整措施中，属于经济措施的是（　　）。[单选]

A. 实行包干奖励

B. 增加工作面

C. 改善作业环境

D. 改进施工技术

27.【刷重点】为压缩某些工作的持续时间，下列采取的措施中，说法正确的有（　　）。[多选]

A. 缩短工艺技术间歇时间属于技术措施

B. 对所采取的技术措施给予相应经济补偿属于经济措施

C. 改善外部配合条件属于组织措施

D. 减少施工过程数量属于经济措施

E. 增加劳动力和施工机械数量属于组织措施

考点3 建设工程项目总进度目标和任务

28.【刷基础】建设工程项目的总进度目标指的是整个项目的进度目标，它是在（　　）阶段确定的。[单选]

A. 项目预测　　B. 项目决策

C. 项目计划　　D. 项目实施

29.【刷基础】在项目的实施阶段，项目总进度包括（　　）。[多选]

A. 设计工作进度

B. 可行性研究工作进度

C. 招标工作进度

D. 物资采购工作进度

E. 用户管理工作进度

30. 【刷重点】建设工程项目总进度目标论证的工作包括：①确定项目的工作编码；②调查研究和收集资料；③进行项目结构分析；④进行进度计划系统的结构分析；⑤编制各层（各级）进度计划等。其正确的工作步骤为（　　）。[单选]

A. ①—⑤—②—③—④

B. ②—⑤—①—④—③

C. ①—④—②—⑤—③

D. ②—③—④—①—⑤

31. 【刷重点】下列关于建设工程项目总进度目标的说法，正确的是（　　）。[单选]

A. 大型建设工程项目总进度目标论证的核心工作是编制总进度纲要

B. 建设工程项目总进度目标的控制是施工方的项目管理任务

C. 建设工程项目总进度目标指的是整个项目的进度目标，它是在项目实施阶段确定的

D. 在进行建设工程项目总进度目标控制前，首先应分析和论证目标实现的可能性

32. 【刷基础】下列属于由不同功能的计划构成的进度计划系统的是（　　）。[单选]

A. 总进度计划

B. 控制性进度计划

C. 单项工程进度计划

D. 项目子系统进度计划

33. 【刷基础】在建设工程项目进度控制工作中，分析和论证进度目标的目的是分析和论证（　　）。[单选]

A. 进度目标的合理性及实现的可能性

B. 进度目标实现措施的经济性和可操作性

C. 进度目标与成本目标、质量目标的匹配性

D. 进度目标与成本目标、质量目标的一致性

34. 【刷基础】下列关于建设工程项目进度计划系统的说法，正确的有（　　）。[多选]

A. 项目进度计划系统是项目进度控制的依据

B. 项目进度计划系统在项目实施前应建立并完善

C. 项目各参与方可以编制多个不同的进度计划系统

D. 项目进度计划系统中各计划应注意联系与协调

E. 项目进度计划系统可以由多个不同周期的进度计划组成

35. 【刷基础】由不同深度的计划构成的进度计划系统包括（　　）。[多选]

A. 总进度计划

B. 项目子系统进度计划

C. 项目子系统中的单项工程进度计划

D. 项目子系统中的单位工程进度计划

E. 年度、季度、月度和旬计划

36. 【刷重点】下列关于建设工程项目进度计划系统中各进度计划间相互关系的说法，正确的有（　　）。[多选]

A. 项目总进度规划中的最终完成时间和各子系统进度规划的完成时间应相同
B. 应注意整个项目实施进度计划和设备采购计划的联系
C. 业主方和项目总承包方进度控制的目标不相同
D. 总进度计划和单项工程进度计划之间有关联
E. 业主方和项目总承包方进度控制的时间范围相同

37. 【刷重点】下列关于建设工程项目进度控制的说法，正确的有（　　）。[多选]

A. 各参与方都有进度控制的任务
B. 各参与方进度的目标和时间范畴相同
C. 在项目实施过程中不允许调整进度计划
D. 进度控制是一个动态的管理过程
E. 进度目标的分析论证是进度控制的一个环节

考点4 施工进度计划的类型及作用

38. 【刷基础】下列关于施工方所编制的与施工进度有关的计划，说法正确的是（　　）。[单选]

A. 施工企业的施工生产计划属于工程项目管理的范畴
B. 建设工程项目施工进度计划以整个施工企业为系统
C. 施工企业的施工生产计划是以每个建设工程项目的施工为系统
D. 施工企业的施工生产计划与建设工程项目施工进度计划属两个不同系统的计划

39. 【刷基础】下列关于施工进度计划的类型和作用，说法正确的是（　　）。[单选]

A. 建设工程项目施工进度计划若从计划的功能上区分，可分为单项工程、单位工程、分部分项工程施工进度计划
B. 施工企业的施工生产计划属于工程项目管理的范畴
C. 建设工程项目施工进度计划属于工程项目管理的范畴
D. 项目施工进度计划无需考虑施工企业施工生产计划的总体安排

40. 【刷重点】下列与施工进度有关的计划中，属于施工方工程项目管理范畴的有（　　）。[多选]

A. 项目旬施工作业计划
B. 施工企业季度生产计划
C. 单体工程施工进度计划
D. 施工企业年度生产计划
E. 项目施工总进度规划

41. 【刷基础】工程项目的施工总进度计划是（　　）。[单选]

A. 项目的施工总进度方案

B. 项目的控制性施工进度计划

C. 项目施工的年度施工计划

D. 项目的指导性施工进度计划

42. 【刷基础】下列不属于编制控制性施工进度计划的目的的是（　　）。[单选]

A. 对施工进度目标进行再论证

B. 确定施工的总体部署

C. 对进度目标进行分解

D. 确定施工机械的需求

43. 【刷基础】下列与施工进度有关的计划中，属于实施性施工进度计划的是（　　）。[单选]

A. 某构件制作计划

B. 单项工程施工进度计划

C. 项目年度施工进度计划

D. 企业旬生产计划

44. 【刷基础】下列关于实施性施工进度计划作用的说法，正确的有（　　）。[多选]

A. 是施工进度动态控制的依据

B. 确定（或据此可计算）一个月度或旬的资金的需求

C. 确定（或据此可计算）一个月度或旬的人工需求

D. 确定施工作业的具体安排

E. 施工总进度目标的分解，确定里程碑事件的进度目标

参考答案

1. B	2. B	3. A	4. BDE	5. ABE	6. D
7. A	8. ABE	9. B	10. C	11. ACDE	12. ADE
13. C	14. D	15. A	16. D	17. A	18. BCD
19. B	20. AE	21. C	22. D	23. BCD	24. C
25. ACE	26. A	27. ABE	28. B	29. ACD	30. D
31. D	32. B	33. A	34. ACDE	35. ABC	36. BCD
37. ADE	38. D	39. C	40. ACE	41. B	42. D
43. A	44. BCD				

学习总结

第四章 施工质量管理

第一节 施工质量影响因素及管理体系

考点1 工程质量影响因素

1. 【刷基础】建设工程施工质量在符合国家法律、行政法规和技术标准要求的前提下，还要满足（　　）的需要。[单选]

A. 建设单位

B. 设计单位

C. 施工单位

D. 施工图审查单位

2. 【刷基础】在质量管理体系中通过质量策划和（　　）等手段实施和实现全部质量管理职能。[单选]

A. 质量控制、质量检查、质量改进

B. 质量控制、质量保证、质量改进

C. 质量检查、质量监督、质量审核

D. 质量检查、质量审核、质量改进

3. 【刷重点】下列关于施工质量的影响因素，说法不正确的是（　　）。[单选]

A. 施工质量控制应以控制人的因素作为基本出发点

B. 影响质量的机械因素包括工程设备和施工机械设备

C. 施工单位的质量管理体系、质量管理制度和各参建单位之间的协调属于施工质量管理环境因素

D. 施工质量影响因素主要有“4M1E”，其中，“1E”是指材料

4. 【刷基础】在影响施工质量的五大主要因素中，建设主管部门推广的装配式混凝土结构技术属于（　　）的因素。[单选]

A. 环境　　B. 材料

C. 方法　　D. 机械

5. 【刷基础】下列影响施工质量的环境因素中，属于施工作业环境因素的是（　　）。[单选]

A. 各种能源介质的供应保障程度

B. 参建施工单位之间的协调程度

C. 项目部质量管理制度

D. 项目工程地质情况

6. 【刷基础】施工质量的影响因素主要包括“4M1E”，下列属于施工质量管理环境因素的

有（　　）。[多选]

A. 施工单位质量管理体系　　B. 施工场地给排水

C. 各参建施工单位之间的协调　　D. 工程地质条件

E. 地下障碍物的影响

7. 【刷基础】工程项目的施工过程，工序衔接多、中间交接多、隐蔽工程多，因此施工质量控制对（　　）要求高。[单选]

A. 竣工预验收　　B. 竣工验收

C. 过程控制　　D. 事后控制

8. 【刷基础】由建设项目的工程特点和施工生产的特点决定的施工质量控制的特点体现在（　　）。[多选]

A. 需要控制的因素多

B. 控制的难度大

C. 施工生产的流动性大

D. 过程控制要求高

E. 终检局限大

9. 【刷重点】根据《建设工程质量管理条例》，下列关于施工单位及其他参建单位的施工质量控制责任的说法，错误的是（　　）。[单选]

A. 建设工程实行施工总承包的，总承包单位应当对全部建设工程质量负责

B. 总承包单位依法将建设工程分包给其他单位的，分包单位对分包工程的质量承担全部责任

C. 施工单位必须按照工程设计图纸和施工技术标准施工，不得擅自修改工程设计，不得偷工减料

D. 施工单位对施工中出现质量问题的建设工程或者竣工验收不合格的建设工程，应当负责返修

10. 【刷基础】根据建筑工程质量终身责任制要求，施工单位项目经理对工程质量承担责任的时间期限是（　　）。[单选]

A. 建筑工程实际使用年限

B. 建筑单位要求年限

C. 缺陷责任期

D. 建筑工程设计使用年限

11. 【刷重点】根据《建筑施工项目经理质量安全责任十项规定（试行）》，项目经理的质量安全责任有（　　）。[多选]

A. 负责建立质量安全管理体系

B. 负责组织编制施工组织设计

C. 负责审批施工组织设计

D. 负责组织制定质量安全技术措施

E. 负责组织工程质量验收

12. 【刷基础】根据《建筑工程五方责任主体项目负责人质量终身责任追究暂行办法》（建质〔2014〕124号）的规定，出现（　　）情况，县级以上地方人民政府住房和城乡建设部主管部门应当依法追究项目负责人的质量终身责任。[多选]

A. 发生工程质量一般事故

B. 发生群体性事件

C. 由施工原因造成尚在设计使用年限内的建筑工程不能正常使用

D. 发生工程质量较大事故

E. 由设计原因造成尚在设计使用年限内的建筑工程不能正常使用

考点2 质量管理体系的建立和运行

13. 【刷基础】各级领导建立统一的宗旨和方向，并创造全员积极参与实现组织的质量目标的条件。这是质量管理原则中（　　）的要求。[单选]

A. 以顾客为关注焦点　　B. 循证决策

C. 领导作用　　D. 改进

14. 【刷基础】（　　）是质量管理体系的规范，是实施和保持质量体系过程中长期遵循的纲领性文件。[单选]

A. 质量手册　　B. 程序文件

C. 质量计划　　D. 质量记录

15. 【刷难点】下列关于施工企业质量管理体系文件构成的说法，正确的是（　　）。[单选]

A. 质量计划是纲领性文件

B. 质量计划是产品质量水平和质量体系中各项质量活动进行及结果的客观反映

C. 质量手册规定由谁及何时应使用哪些程序和相关资源，采用何种质量措施的文件

D. 程序文件是质量手册的支持性文件

16. 【刷基础】下列项目施工质量管理体系文件中，能够证明各阶段产品质量达到要求的是（　　）。[单选]

A. 质量记录　　B. 质量手册

C. 程序文件　　D. 质量计划

17. 【刷重点】根据《质量管理体系　基础和术语》，施工企业质量管理应遵循的原则有（　　）。[多选]

A. 过程方法

B. 循证决策

C. 以内控体系为关注焦点

D. 全员积极参与

E. 领导作用

18. 【刷基础】下列属于质量手册的主要内容的有（　　）。[多选]

A. 各项质量活动的基本控制程序

B. 企业的质量方针

C. 组织机构和质量职责

D. 内部审核程序

E. 质量记录管理程序

19. 【刷基础】下列属于质量管理体系文件的有（ ）。[多选]

A. 质量体系程序 B. 质量目标

C. 质量评审 D. 质量手册

E. 质量记录

20. 【刷基础】下列关于质量管理体系认证与监督的说法，正确的是（ ）。[单选]

A. 企业质量管理体系由国家认证认可监督委员会认证

B. 企业获准认证的有效期为六年

C. 企业获准认证后第三年接受认证机构的监督管理

D. 企业获准认证后应经常性地进行内部审核

21. 【刷重点】下列关于企业质量管理体系认证与监督的说法，正确的有（ ）。[多选]

A. 质量管理体系由相关政府主管部门认证

B. 企业获准认证的有效期为两年

C. 企业获准认证后每两年接受一次认证机构的监督管理

D. 质量管理体系认证应按申请、审核、审批与注册发证等程序进行

E. 认证机构依据质量管理体系的要求标准，审核企业质量管理体系要求的符合性和实施的有效性

考点3 施工质量保证体系

22. 【刷基础】项目施工质量保证体系的质量目标要以（ ）为基本依据。[单选]

A. 质量记录

B. 质量计划

C. 招投标文件

D. 工程承包合同

23. 【刷重点】下列项目施工质量成本中，属于外部质量保证成本的是（ ）。[单选]

A. 从业人员劳动技能培训费

B. 不合格检验批返工重做费

C. 计量器具标定检验费

D. 混凝土强度见证检测费

24. 【刷基础】下列施工质量保证体系的内容中，属于工作保证体系的是（ ）。[单选]

A. 建立质量检查制度

B. 明确施工质量目标

C. 树立“质量第一”的观点

D. 建立质量管理组织

25. 【刷基础】工程项目施工质量保证体系的主要内容有（　　）。[多选]

A. 项目施工质量目标

B. 项目施工质量计划

C. 项目施工质量实施

D. 项目施工质量记录

E. 思想、组织、工作保证体系

26. 【刷基础】项目施工质量计划的内容包括（　　）。[多选]

A. 质量方针编制计划

B. 施工质量工作计划

C. 质量保证体系认证计划

D. 施工质量成本计划

E. 施工质量组织计划

27. 【刷基础】项目施工质量计划应根据（　　）等进行编制。[多选]

A. 质量记录

B. 质量认证文件

C. 企业的质量手册

D. 程序文件

E. 项目质量目标

28. 【刷重点】在项目质量成本的构成内容中，外部质量保证措施费用包括（　　）。[多选]

A. 达到规定质量水平所支付的费用

B. 保持规定质量水平所支付的费用

C. 向客户提供所需客观证据所支付的费用

D. 特殊的质量保证措施费用

E. 检测试验和评定的费用

29. 【刷基础】下列施工质量工作保证措施中，属于施工准备阶段应落实的有（　　）。[多选]

A. 实行自检、互检和专检，强化过程控制

B. 建立工程测量控制网和测量控制制度

C. 进行施工平面设计，建立施工现场管理制度

D. 进行技术交底和技术培训工作，制订技术管理制度

E. 严格按规范进行施工，认真执行质量检查制度

30. 【刷重点】下列关于 PDCA 循环的说法，错误的是（　　）。[单选]

A. PDCA 循环是按照计划、实施、检查和处理的步骤展开的

B. PDCA 循环只能运转一次

C. 计划是质量管理的首要环节

D. 检查就是对照计划，检查执行的情况和效果，及时发现计划执行过程中的偏差和问题

31.【刷基础】建设工程项目质量管理的 PDCA 循环中，质量实施阶段的主要任务是（　　）。[单选]

A. 明确质量目标并制订实现目标的行动方案

B. 对计划实施进行科学管理

C. 计划行动方案的交底和按计划规定的方法及要求展开的施工作业技术活动

D. 对质量问题进行原因分析，采取措施予以纠正

32.【刷基础】施工质量保证体系的 PDCA 循环中，实施阶段工作内容包括（　　）。[多选]

A. 确定质量管理的目标

B. 检查是否严格执行了计划的行动方案

C. 计划行动方案的交底

D. 确定质量管理的方针

E. 按计划规定的方法与要求展开的施工作业技术活动

第二节　施工质量抽样检验和统计分析方法

考点1 施工质量抽样检验方法

33.【刷基础】下列质量检查内容中，可通过目测法中"照"的手段检查的是（　　）。[单选]

A. 油漆的光滑度

B. 内墙抹灰的大面是否平直

C. 混凝土的强度是否符合要求

D. 管道井内部管线、设备安装质量

34.【刷重点】随机抽样可分为（　　）等。[多选]

A. 系统随机抽样

B. 分层随机抽样

C. 复杂随机抽样

D. 整群随机抽样

E. 简单随机抽样

考点2 施工质量统计分析方法

35.【刷基础】应用排列图法时，需要加强控制、重点管理的对象是（　　）。[单选]

A. A 类因素

B. B 类因素

C. C 类因素

D. D 类因素

36.【刷重点】常用的施工质量统计分析方法有（　　）等。[多选]

A. 调查表法

B. 因果分析图法

C. 直方图法

D. 曲线法

E. 分层法

第三节　施工质量控制

考点 1　施工准备质量控制

37. 【刷基础】下列施工质量控制工作中，属于事前质量控制的是（　　）。[单选]

A. 编制施工质量计划

B. 约束质量活动的行为

C. 监督质量活动过程

D. 处理施工质量的缺陷

38. 【刷基础】下列施工质量控制活动中，属于事后质量控制的是（　　）。[单选]

A. 约束质量活动的行为

B. 设置质量管理点

C. 监督质量活动过程

D. 发现施工质量方面的缺陷

39. 【刷基础】设计交底和图纸会审记录属于施工质量控制依据中的（　　）。[单选]

A. 共同性依据

B. 专业技术性依据

C. 项目专用性依据

D. 施工管理依据

40. 【刷重点】事中质量控制的重点有（　　）。[多选]

A. 工序质量的控制

B. 制定施工方案

C. 对质量偏差的纠正

D. 工作质量的控制

E. 质量控制点的控制

41. 【刷重点】对工程质量有重大影响的工序，应在“三检”的基础上，经（　　）最终检查认可后，才能进入下道工序。[单选]

A. 建设单位项目负责人

B. 施工单位项目经理

C. 施工单位项目技术负责人

D. 监理工程师

42. 【刷基础】下列施工现场质量检查项目中，适宜采用实测法的是（　　）。[单选]

A. 大理石板拼缝尺寸检测

B. 桩的静载试验

C. 钢筋的力学性能检验

D. 压力管道的耐压试验

43. 【刷重点】可以通过实测法检查施工质量，下列属于实测法的有（　　）。[多选]

A. 用直尺检查墙面的平整度

B. 混凝土坍落度的检测

C. 检查油漆的光滑度

D. 用线坠吊线检查垂直度

E. 混凝土外观是否符合要求

44. 【刷重点】下列关于施工质量控制的准备工作，说法错误的是（　　）。[单选]

A. 建筑工程施工质量验收应划分为单位工程、分部工程、分项工程和检验批

B. 具备独立施工条件并能形成独立使用功能的建筑物或构筑物为一个分部工程

C. 分项工程可按主要工种、材料、施工工艺、设备类别等进行划分

D. 制订施工质量控制计划属于技术准备的质量控制

45. 【刷基础】下列工程测量放线成果中，应由施工单位建立的是（　　）。[单选]

A. 测量控制网

B. 原始坐标点

C. 基准线

D. 标高基准点

46. 【刷基础】现场施工准备阶段，施工单位对建设单位提供的测量控制点线进行复核后，应将复测结果报（　　）审核。[单选]

A. 项目经理

B. 项目技术负责人

C. 企业技术负责人

D. 监理工程师

47. 【刷重点】为了便于控制、检查、评定和监督每个工序和工种的工作质量，可把整个工程逐级划分为单位工程、分部工程、分项工程和检验批。其中，检验批是按（　　）划分的。[多选]

A. 施工段

B. 工程量

C. 变形缝

D. 楼层

E. 工种

48. 【刷重点】下列属于施工技术准备质量控制工作的有（　　）。[多选]

A. 制定施工质量控制计划

B. 复核原始坐标点

C. 明确关键部位的质量管理点

D. 制定严格的施工场地管理制度

E. 做好施工现场平面管理的检查记录

49. 【刷难点】下列关于施工准备的质量控制工作，说法正确的有（　　）。[多选]

A. 对于规模较大的单位工程，可将其能形成独立使用功能的部分划分为若干个子单位工程

B. 分部工程可按专业性质、工程部位确定

C. 材料的质量控制应把好采购订货关、进场检验关、存储和使用关

D. 重要建材必须经过项目经理签字才可使用

E. 施工机械设备使用操作应贯彻“持证上岗”和“人机固定”原则，实行定机、定人、定岗位职责的使用管理制度

考点 2 施工过程质量控制

50. 【刷重点】施工过程的质量控制中，项目开工前施工项目部应由（　　）向承担施工的负责人或分包人进行书面技术交底。[单选]

A. 项目技术负责人

B. 项目经理

C. 公司总工程师

D. 公司技术负责人

51. 【刷基础】施工单位在建设工程开工前编制的测量控制方案，需经（　　）批准后方可实施。[单选]

A. 施工项目经理

B. 总监理工程师

C. 甲方工程师

D. 项目技术负责人

52. 【刷基础】对各种投入要素质量和环境条件质量的控制，属于施工过程质量控制中（　　）的工作。[单选]

A. 技术交底

B. 测量控制

C. 计量控制

D. 工序施工质量控制

53. 【刷基础】在施工质量控制点的控制中，对冷拉钢筋应注意先焊接之后再进行冷拉，其重点控制的方面是（　　）。[单选]

A. 关键操作

B. 技术间歇

C. 施工顺序

D. 施工技术参数

54. 【刷重点】工序施工效果主要反映在工序产品的质量特征和特性指标。下列各项属于工序施工效果控制的有（　　）。[多选]

A. 纠正质量偏差

B. 实测获取数据

C. 统计分析所获取的数据

D. 判断认定质量等级

E. 钢材的力学性能检测

55. 【刷基础】质量控制点的设置要选择施工过程的（　　）作为重点控制的对象。[多选]

A. 重点检测手段

B. 重点质量因素

C. 重点流程

D. 重点工序

E. 重点部位

考点 3 施工质量检查验收

56. 【刷基础】从建设工程施工质量验收的角度来说，工程施工质量验收的最小单位是（　　）。[单选]

A. 检验批　　B. 工序过程

C. 分部工程　　D. 分项工程

57. 【刷重点】工程质量验收时，应进行观感质量检查并给出综合质量评价的验收对象是（　　）。[单选]

A. 分部工程　　B. 工序

C. 检验批　　D. 分项工程

58. 【刷重点】某检验批质量验收时，抽样送检资料显示其质量不合格，经有资质的法定检测单位实体检测鉴定达不到设计要求，但经原设计单位核算后认为能满足结构安全与使用功能要求，则该检验批（　　）。[单选]

A. 应返工重做后重新验收

B. 需与建设单位协商一致方可验收

C. 可予以验收

D. 由监督机构决定是否予以验收

59. 【刷基础】参与施工项目竣工质量验收的各方不能形成一致验收意见时，应采取的做法是（　　）。[单选]

A. 由建设单位独立做出验收结论

B. 各方协商形成一致解决方案后重新组织竣工验收

C. 由质量监督机构协调并做出验收结论

D. 提请建设行政主管部门做出验收结论

60. 【刷难点】下列关于工程施工质量验收的说法，错误的有（　　）。[多选]

A. 进行观感质量验收时，检查结果分为“合格”“不合格”“优良”

B. 检验批质量合格的条件包括：具有完整的施工操作依据及质量检查记录、主控项目的质量经抽样检验均应合格和一般项目的质量经抽样检验合格

C. 分项工程验收需进行观感质量的验收

D. 并非所有的单位工程都要进行观感质量的验收

E. 工程项目竣工验收由建设单位组织相关单位参加

61.【刷重点】分部工程质量验收应符合的条件有（　　）。[多选]

A. 所含分项工程的质量均应验收合格

B. 质量控制资料应完整

C. 有关安全、节能、环境保护和主要使用功能的抽样检验结果应符合相应规定

D. 主要功能项目的抽查结果应符合相关专业质量验收规范的规定

E. 观感质量应符合要求

62.【刷重点】下列关于施工项目竣工质量验收的条件，说法正确的有（　　）。[多选]

A. 有工程使用的主要建筑材料、建筑构配件和设备的进场试验报告

B. 完成工程设计和合同约定的各项内容

C. 有完整的技术档案和施工管理资料

D. 有施工单位签署的工程保修书

E. 有勘察、设计、施工、工程监理等单位统一签署的质量合格文件

第四节　施工质量事故预防与调查处理

考点 1　工程质量事故分类

63.【刷重点】某工程发生质量事故导致 11 人死亡，直接经济损失 4 500 万元，则该起质量事故属于（　　）。[单选]

A. 特别重大事故

B. 重大事故

C. 较大事故

D. 一般事故

64.【刷重点】工程负责人不按规范指导施工，强令他人违章作业，导致施工质量标准降低而造成质量事故，则此事故属于（　　）。[单选]

A. 技术原因引发的质量事故

B. 管理原因引发的质量事故

C. 指导责任事故

D. 操作责任事故

65.【刷基础】根据质量事故产生的原因，属于管理原因引发的质量事故是（　　）。[单选]

A. 材料检验不严引发的质量事故

B. 采用不适宜施工方法引发的质量事故

C. 盲目追求利润引发的质量事故

D. 对地质情况估计错误引发的质量事故

66.【刷难点】下列关于工程质量事故分类的说法，正确的有（　　）。[多选]

A. 检验制度不严密引起的质量事故属于管理原因引发的质量事故

B. 某工程质量事故造成人员死亡 18 人，则该事故属于特别重大事故

C. 某工程质量事故造成直接经济损失 1 500 万元，则该事故属于较大事故

D. 工程质量不合格造成直接经济损失 400 万元，则该事故属于一般事故

E. 按事故责任分类，可将工程质量事故分为指导责任事故、操作责任事故、自然灾害事故

67. 【刷重点】按事故责任分类，下列工程质量事故中，属于指导责任事故的有（　　）。[多选]

A. 项目负责人不按规范指导施工造成的质量事故

B. 项目管理人员强令他人违章作业造成质量事故

C. 施工人员在浇筑混凝土时随意加水造成质量事故

D. 项目技术负责人降低施工质量标准造成质量事故

E. 片面追求施工进度而忽视质量控制造成质量事故

考点 2　施工质量事故的预防

68. 【刷基础】下列关于施工质量事故发生的原因，说法错误的是（　　）。[单选]

A. 恶劣的天气和不可抗力是近年重大施工质量事故的首要原因

B. 违背基本建设程序的“三边”工程、“七无”工程屡见不鲜

C. 勘察设计的失误导致地基不均匀沉降，结构失稳、开裂甚至倒塌

D. 施工管理人员及实际操作人员的思想、技术素质差，是造成施工质量事故的普遍原因

69. 【刷重点】下列施工质量事故发生的原因中，属于施工失误的有（　　）。[多选]

A. 不遵守相关规范

B. 边勘察、边设计、边施工

C. 使用不合格的工程材料、半成品、构配件

D. 施工管理人员缺乏基本业务知识，不懂装懂瞎指挥

E. 非法承包，偷工减料

考点 3　施工质量事故调查处理

70. 【刷基础】施工质量事故发生后，有关单位应当在（　　）小时内向当地建设行政主管部门和其他有关部门报告。[单选]

A. 1　　　　B. 2

C. 24　　　　D. 48

71. 【刷重点】根据质量事故处理的一般程序，经过事故调查及原因分析，下一步应进行的工作是（　　）。[单选]

A. 制定事故处理的技术方案

B. 事故的责任处罚

C. 事故处理的鉴定验收

D. 提交处理报告

72. 【刷基础】下列建设工程资料中，可以作为施工质量事故处理依据的有（　　）。[多选]

A. 质量事故状况的描述
B. 工程竣工报告
C. 设计委托合同
D. 施工记录
E. 现场制备材料的质量证明资料

73. 【刷重点】建设工程施工质量事故调查报告的主要内容包括（　　）。[多选]

A. 事故基本情况
B. 事故发生后采取的应急防护措施
C. 事故调查中的有关数据、资料
D. 事故原因分析
E. 事故涉及人员与主要责任者的情况

74. 【刷基础】某一结构构件截面尺寸不足，或材料强度不足，影响结构承载力，但按实际情况进行复核验算后仍能满足设计要求的承载力时，应（　　）。[单选]

A. 加固处理
B. 修补处理
C. 返工处理
D. 不作处理

75. 【刷重点】下列工程质量问题中，一般可不作专门处理的情况有（　　）。[多选]

A. 混凝土结构出现宽度不大于0.3mm的裂缝
B. 混凝土现浇楼面的平整度偏差达到8mm
C. 某一结构构件截面尺寸不足，但进行复核验算后能满足设计要求
D. 混凝土结构表面出现蜂窝、麻面
E. 某基础的混凝土28天强度不到规定强度的30%

76. 【刷基础】施工质量问题和质量事故处理的基本方法有（　　）。[多选]

A. 不作处理
B. 返修处理
C. 加固处理
D. 常规处理
E. 返工处理

参考答案

1. A	2. B	3. D	4. C	5. A	6. AC
7. C	8. ABDE	9. B	10. D	11. ABD	12. ACDE
13. C	14. A	15. D	16. A	17. ABDE	18. ABC
19. ADE	20. D	21. DE	22. D	23. D	24. A
25. ABE	26. BD	27. CE	28. CDE	29. BCD	30. B
31. C	32. CE	33. D	34. ABDE	35. A	36. ABCE
37. A	38. D	39. C	40. ADE	41. D	42. A
43. ABD	44. B	45. A	46. D	47. ABCD	48. AC
49. ABCE	50. A	51. D	52. D	53. C	54. ABCD
55. BDE	56. A	57. A	58. C	59. B	60. ACD
61. ABCE	62. ABCD	63. B	64. C	65. A	66. ACDE
67. ABDE	68. A	69. ACD	70. C	71. A	72. ACDE
73. ABCE	74. D	75. BC	76. ABCE		

学习总结

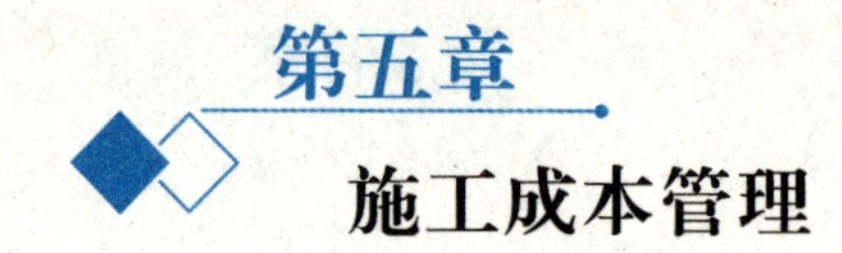

第五章 施工成本管理

第一节　施工成本影响因素及管理流程

考点1 施工成本分类及影响因素

1. 【刷重点】施工成本不包括（　　）。[单选]

A. 施工单位管理费

B. 生产工人的奖金

C. 周转材料摊销费

D. 施工机械台班费

2. 【刷基础】按施工成本要素构成划分，施工成本可分为（　　）。[多选]

A. 计划成本

B. 质量成本

C. 安全成本

D. 绿色成本

E. 工期成本

3. 【刷基础】施工成本影响因素有（　　）。[多选]

A. 劳动力成本

B. 施工方法

C. 投标报价

D. 设计要求

E. 安全和环境

考点2 施工成本管理流程

4. 【刷基础】施工成本管理是指施工项目管理机构以（　　）为主线，对施工成本进行计划、控制、分析，并进行施工成本管理绩效考核的过程。[单选]

A. 实际成本

B. 计划成本

C. 目标成本

D. 责任成本

5. 【刷重点】下列关于施工成本管理的说法，正确的有（　　）。[多选]

A. 成本计划是成本控制的主要依据

B. 成本计划是开展成本控制和分析的基础

C. 成本控制能保证成本计划的实现

D. 成本控制为成本管理绩效考核提供依据

E. 成本管理绩效考核是实现责任成本目标的保证和手段

第二节 建设工程定额的作用及编制方法

考点1 建设工程定额的作用和分类

6. 【刷基础】施工企业可以直接用来编制施工作业计划，签发施工任务单的定额是（　　）。[单选]

A. 预算定额　　B. 施工定额

C. 概算定额　　D. 估算指标

7. 【刷重点】预算定额是编制概算定额的基础，是以（　　）为对象编制的定额。[单选]

A. 同一性质的施工过程

B. 建筑物各个分部分项工程

C. 扩大的分部分项工程

D. 整个建筑物和构筑物

8. 【刷难点】下列有关施工定额的说法，正确的有（　　）。[多选]

A. 施工定额属于企业定额的性质，可用于工程的施工管理

B. 施工定额是建设工程定额中的基础性定额

C. 施工定额以分部分项工程为研究对象

D. 施工定额以工序为研究对象

E. 施工定额是编制施工图预算的重要基础

考点2 人工定额的编制

9. 【刷基础】根据生产技术和施工组织条件，对施工过程中各工序采用测时法、写实记录法、工作日写实法测出各工序的工时消耗等资料，再对所获得的资料进行科学的分析，制定出人工定额的方法是（　　）。[单选]

A. 技术测定法

B. 统计分析法

C. 比较类推法

D. 经验估计法

10. 【刷重点】某工程需开挖土方量为500m^3，人工定额为每工日2m^3，一班制作业，拟安排10人，则开挖土方的工作持续时间是（　　）天。[单选]

A. 50　　B. 25

C. 100　　D. 200

11. 【刷重点】生产某产品的工人小组由3人组成，生产1m^3合格产品的人工时间定额为0.65工日，则其产量定额为（　　）。[单选]

A. 0.51m^3　　B. 1.54m^3

C. 1.95m^3　　D. 4.62m^3

第五章 必刷

12. 【刷基础】企业编制人工定额时，应拟定的正常施工作业条件一般包括（　　）。[多选]

A. 施工作业的内容

B. 施工作业的方法

C. 施工作业地点的组织

D. 施工作业的材料来源

E. 施工作业人员的组织

考点3 材料消耗定额的编制

13. 【刷重点】施工企业在投标报价时，周转性材料的消耗量应按（　　）计算。[单选]

A. 周转使用次数

B. 摊销量

C. 每周转使用一次的损耗量

D. 一次使用量

14. 【刷难点】关于材料消耗定额的编制，下列说法正确的是（　　）。[单选]

A. 一次使用量供施工企业成本核算或投标报价用

B. 材料净用量的确定方法包括理论计算法、图纸计算法、比较类推法和经验法

C. 定额中周转性材料消耗量指标应当用一次使用量和摊销量两个指标表示

D. 摊销量供施工企业组织施工使用

15. 【刷重点】建设工程材料消耗定额中，与周转性材料消耗有关的因素一般有（　　）。[多选]

A. 一次使用量

B. 摊销量

C. 每周转使用一次材料的损耗

D. 周转使用次数

E. 周转材料的最终回收及其回收折价

考点4 施工机具消耗定额的编制

16. 【刷重点】斗容量为1m³的反铲挖土机，挖三类土，装车，深度在3m内，小组成员4人，机械台班产量为2.84（定额单位100），则挖100m³的工人小组时间定额为（　　）工日。[单选]

A. 2.84　　B. 0.78

C. 0.26　　D. 1.41

17. 【刷难点】已知某斗容量为1m³的正铲挖土机，它在正常工作条件下1h纯工作时间内挖土71m³，机械台班产量为每台班480m³，则机械利用系数为（　　）。[单选]

A. 0.47　　B. 0.51

C. 0.56　　D. 0.85

18. 【刷基础】下列关于施工机械台班使用定额的说法，正确的是（　　）。[单选]

A. 施工机械降低负荷下的工作时间不应计入施工机械时间定额

B. 不可避免的中断时间、不可避免的无负荷工作时间应计入损失时间

C. 施工机械台班产量定额等于机械净工作生产率×工作班延续时间

D. 机械产量定额和机械时间定额互为倒数关系

19. 【刷难点】编制某施工机械台班使用定额，测定该机械纯工作 1 小时的生产率为 $6m^3$，利用系数平均为 80%，工作班延续时间为 8 小时，则该机械的台班产量定额为（　　）。[单选]

A. $38.4m^3$　　B. $48.0m^3$

C. $60.0m^3$　　D. $64.0m^3$

第三节　施工成本计划

考点 1　施工成本计划的类型

20. 【刷基础】下列关于竞争性成本计划、指导性成本计划和实施性成本计划三者区别的说法，正确的是（　　）。[单选]

A. 竞争性成本计划是项目投标和签订合同阶段的估算成本计划，比较粗略

B. 指导性成本计划是项目施工准备阶段的施工预算成本计划

C. 实施性成本计划是选派项目经理阶段的预算成本计划

D. 指导性成本计划是以项目实施方案为依据编制的

21. 【刷基础】建设工程项目施工准备阶段的施工预算成本计划以项目实施方案为依据，采用（　　）编制。[单选]

A. 人工定额　　B. 概算定额

C. 预算定额　　D. 施工定额

22. 【刷重点】下列关于施工预算和施工图预算比较的说法，正确的是（　　）。[单选]

A. 施工预算既适用于建设单位，也适用于施工单位

B. 施工预算的编制以施工定额为依据，施工图预算的编制以预算定额为依据

C. 施工预算是投标报价的依据，施工图预算是施工企业组织生产的依据

D. 编制施工预算依据的定额比编制施工图预算依据的定额粗略一些

23. 【刷重点】下列关于施工预算和施工图预算的说法，正确的是（　　）。[单选]

A. 施工预算的编制以预算定额为主要依据

B. 施工预算是投标报价的主要依据

C. 施工图预算既适用于建设单位，也适用于施工单位

D. 施工图预算是施工企业内部管理用的一种文件

24. 【刷难点】下列关于施工成本计划类型的说法，错误的有（　　）。[多选]

A. 施工预算与施工图预算本质上是相同的

B. 实施性成本计划是采用企业的施工定额，通过施工预算的编制而形成的

C. 指导性成本计划是项目经理的责任成本目标

D. 竞争性成本计划是施工项目投标及签订合同阶段的估算成本计划

E. 施工预算是投标报价的主要依据

考点2 施工成本计划的编制依据和程序

25. 【刷基础】成本计划编制的步骤有：①确定项目总体成本目标；②预测项目成本；③针对成本计划制定相应的控制措施；④编制项目总体成本计划；⑤审批相应的成本计划；⑥项目管理机构与组织的职能部门分别编制相应的成本计划。排序正确的是（　　）。[单选]

A. ①→②→③→④→⑤→⑥

B. ②→①→④→⑥→③→⑤

C. ②→①→③→④→⑥→⑤

D. ②→①→③→④→⑤→⑥

26. 【刷基础】下列属于施工成本计划的编制依据的有（　　）。[多选]

A. 项目管理实施规划

B. 施工组织设计

C. 类似项目的成本资料

D. 相关设计文件

E. 价格信息

考点3 施工成本计划的编制方法

27. 【刷基础】将施工成本按人工费、材料费、施工机械使用费、企业管理费等费用项目进行编制的方法，是（　　）编制施工成本计划。[单选]

A. 按施工成本构成

B. 按项目结构

C. 按工程实施阶段

D. 按合同结构

28. 【刷基础】下列关于施工成本计划编制的说法，正确的是（　　）。[单选]

A. 在编制施工成本支出计划时，无需考虑不可预见费

B. 施工成本可分解为人工费、材料费、机械费、间接费和税金

C. S形曲线包络在全部工作都按最迟开始时间开始和最迟完成时间完成的曲线所组成的“香蕉图”内

D. 按实施阶段编制的施工成本计划可以用时间—成本累积曲线来表示

29. 【刷重点】采用时间—成本累积曲线编制建设工程项目进度计划时，从节约资金贷款利息的角度出发，适宜采取的做法是（　　）。[单选]

A. 所有工作均按最早开始时间开始

B. 关键工作均按将最迟开始时间开始

C. 关键工作均按最早开始时间开始

D. 所有工作均按最迟开始时间开始

第四节 施工成本控制

考点1 施工成本控制过程

30. 【刷基础】施工成本控制的重点是（　　）。[单选]

A. 管理行为控制　　B. 指标控制

C. 管理绩效控制　　D. 过程控制

31. 【刷难点】下列关于建设工程项目成本控制程序的说法，正确的有（　　）。[多选]

A. 成本管理体系需由社会有关组织进行评审和认证

B. 管理行为控制程序是成本进行过程控制的重点

C. 用成本指标考核管理行为，用管理行为来保证成本指标

D. 管理行为控制程序和指标控制程序是相互独立的

E. 管理行为控制程序是对成本全过程控制的基础

考点2 施工成本控制方法

32. 【刷重点】某工程某月计划完成工程桩100根，计划单价为1.3万元/根。实际完成工程桩110根，实际单价为1.4万元/根，则费用偏差（*CV*）为（　　）万元。[单选]

A. 11　　B. 13

C. −13　　D. −11

33. 【刷基础】某项目在中期检查时发现，进度绩效指数为0.85，费用绩效指数为0.9，据此判断该项目的实际状况是（　　）。[单选]

A. 进度延误，费用超支

B. 进度提前，费用节约

C. 进度延误，费用节约

D. 进度提前，费用超支

34. 【刷难点】某工程主要工作是混凝土浇筑，中标的综合单价是每立方米400元，计划工程量是8 000m^3。施工过程中因原材料价格提高使实际单价为每立方米500元，实际完成并经监理工程师确认的工程量是9 000m^3。若采用赢得值法进行综合分析，正确的结论有（　　）。[多选]

A. 已完工作预算费用为360万元

B. 费用偏差为90万元，费用节省

C. 进度偏差为40万元，进度拖延

D. 已完工作实际费用为450万元

E. 计划工作预算费用为320万元

第五节　施工成本分析与管理绩效考核

考点 1　施工成本分析

35. 【刷基础】下列关于施工成本核算的说法，错误的是（　　）。[单选]

A. 施工成本核算一般以单位工程为对象

B. 工程成本包括直接费用和其他费用

C. 直接费用是指为完成合同所发生的、可以直接计入合同成本核算对象的各项费用支出

D. 成本核算是企业会计核算的重要组成部分

36. 【刷重点】下列关于施工项目成本核算的方法，说法正确的有（　　）。[多选]

A. 施工项目成本核算的方法主要有表格核算法和会计核算法

B. 用表格核算法进行工程项目施工各岗位成本的责任核算和控制

C. 用会计核算法进行工程项目成本核算

D. 表格核算法缺点是对核算工作人员的专业水平和工作经验都要求较高

E. 会计核算法的优点是简便易懂，方便操作，实用性较好

37. 【刷重点】下列关于工程成本会计核算、业务核算和统计核算区别和联系的说法，正确的是（　　）。[单选]

A. 会计核算是对已发生的经济活动进行核算，而业务核算和统计核算还可对正在进行的经济活动进行核算

B. 业务核算主要是价值核算，会计核算的范围比业务核算的范围更广

C. 统计核算和会计核算必须用货币计量，业务核算可以用实物或劳动量计量

D. 统计核算是利用会计核算和业务核算的资料，把数据按统计的方法加以系统管理，以发现企业生产经营的规律

38. 【刷重点】施工成本分析的主要工作有：①收集成本信息；②选择成本分析方法；③分析成本形成原因；④进行成本数据处理；⑤确定成本结果。正确的步骤是（　　）。[单选]

A. ②—①—④—③—⑤

B. ②—③—①—⑤—④

C. ①—③—②—④—⑤

D. ①—②—④—⑤—③

39. 【刷基础】施工项目成本分析的内容有（　　）。[多选]

A. 时间节点成本分析

B. 工作任务分解单元成本分析

C. 成本责任者的目标成本分析

D. 单项指标成本分析

E. 综合项目成本分析

40. 【刷重点】下列关于成本分析的基本方法，说法错误的是（　　）。[单选]

A. 成本分析的基本方法包括比较法、因素分析法、差额计算法、比率法等

B. 比较法是指对比技术经济指标，检查目标的完成情况，分析产生差异的原因，进而挖掘降低成本的方法

C. 因素分析法又称连环置换法，可用来分析各种因素对成本的影响程度

D. 常用的比率法有相关比率法和动态比率法

41. 【刷难点】某施工项目的商品混凝土目标成本是252 000元（目标产量为300m^3，目标单价为每立方米800元，预计损耗率为5%），实际成本是309 400元（实际产量为350m^3，实际单价为每立方米840元，实际损耗率为4%）。若采用因素分析法进行成本分析（因素的排列顺序是：产量、单价、损耗率），则由于损耗率降低减少的成本是（　　）元。[单选]

A. 2 940

B. 14 700

C. 42 000

D. 53 760

42. 【刷基础】比率法是用两个以上的指标的比例进行分析的方法。可以考察成本总量的构成情况及各成本项目占总成本的比重，同时也可看出预算成本、实际成本和降低成本的比例关系，从而寻求降低成本的途径的方法是（　　）。[单选]

A. 构成比率法

B. 相关比率法

C. 动态比率法

D. 指数比率法

43. 【刷重点】下列关于施工成本分析的表述，正确的有（　　）。[多选]

A. 因素分析法又称连环置换法

B. 采用因素分析法时，其指标的排序规则是：先价值量，后实物量；先绝对值，后相对值

C. 业务核算的范围比会计核算的广，但比统计核算的窄

D. 统计核算的计量尺度比会计核算宽

E. 差额计算法是比较法的一种简化形式

考点2 施工成本管理绩效考核

44. 【刷基础】下列关于成本考核的依据，说法错误的是（　　）。[单选]

A. 成本考核的主要依据是成本计划的数量指标、质量指标和效益指标

B. 设计预算成本计划降低率是成本计划的质量指标

C. 责任目标总成本计划降低额是成本计划的效益指标

D. 对项目管理机构成本考核的主要指标包括项目成本降低额、项目成本降低率和生产能力利用率

45. 【刷基础】某施工项目开工前，项目经理责成项目副经理组织有关人员根据责任目标成本编制施工成本计划，确定以下成本计划指标：①各单位工程计划成本指标；②设计预

算成本计划降低率；③设计预算成本计划降低额；④责任目标成本计划降低率；⑤责任目标成本计划降低额。在施工准备会上，项目经理强调要将进度控制和成本控制结合起来，加强成本全过程管理，每月月末运用赢得值法进行成本分析。开工一个月以后，基础混凝土工程有关进度、费用情况见表 5-1。

表 5-1 基础混凝土工程进度、费用情况

计划工作量/立方米	预算（计划）单价/（元/立方米）	已完工作量/立方米	实际单价/（元/立方米）
500	300	480	320

根据上述背景资料，项目管理层制订的成本计划指标中，属于成本计划质量指标的有（　　）。[多选]

A. ①　　B. ②

C. ③　　D. ④

E. ⑤

考点3 合同价款

46. 【刷基础】在施工过程中，若出现招标文件中分部分项工程量清单特征描述与变更图纸不符，投标人应（　　）。[单选]

A. 以设计图纸为准

B. 以变更图纸为准

C. 按实际施工的项目特征，依据合同约定重新确定综合单价

D. 以分部分项工程量清单的项目特征描述为准

47. 【刷基础】实行招标的工程，发承包人约定合同的标的、价款、质量、履行期限等主要条款应当与招标文件和中标人的投标文件的内容一致，若出现不一致的情况，应（　　）。[单选]

A. 以招标文件为准

B. 要求中标人进行适当修正

C. 以投标文件为准

D. 要求发包人进行适当修正

48. 【刷重点】下列关于合同价款的约定，说法正确的有（　　）。[多选]

A. 合同约定不得违背招标、投标文件中关于工期、造价、质量等方面的实质性内容

B. 招标文件与中标人投标文件不一致的地方应以招标文件为准

C. 发承包双方认可的工程价款的形式只能是承包方或设计人编制的施工图预算

D. 不实行招标的工程合同价款，发承包双方可以口头约定

E. 承发包双方应在合同条款中对预付工程款的数额、支付时间及抵扣方式进行约定

49. 【刷基础】下列关于工程计量的说法，错误的是（　　）。[单选]

A. 单价合同以实际完成的工程量进行结算，被监理工程师计量的工程数量是承包人实际施工的数量

B. 对于不符合合同文件要求的工程，承包人超出施工图纸范围或因承包人原因造成返

工的工程量，不予计量

C. 若发现工程量清单中出现漏项、工程量计算偏差，以及工程变更引起工程量的增减变化，应据实调整，正确计量

D. 除专用合同条款另有约定外，工程量的计量按月进行

50. 【刷基础】工程计量的依据包括（　　）。[多选]

A. 质量合格证书

B. 技术规范中的“计量支付”条款

C. 设计图纸

D. 施工组织设计

E. 《计价规范》

51. 【刷重点】根据《建设工程工程量清单计价规范》，采用单价合同的工程结算工程量应为（　　）。[单选]

A. 施工单位实际完成的工程量

B. 合同中约定应予计量的工程量

C. 以合同图纸的图示尺寸为准计算的工程量

D. 合同中约定应予计量并实际完成的工程量

52. 【刷重点】下列关于工程计量的说法，错误的是（　　）。[单选]

A. 承包人应于每月 25 日向监理人报送上月 20 日至当月 19 日已完成的工程量报告，并附具进度付款申请单、已完成工程量报表和有关资料

B. 监理人应在收到承包人提交的工程量报告后 14 天内完成对承包人提交的工程量报表的审核并报送发包人，以确定当月实际完成的工程量

C. 监理人对工程量有异议的，有权要求承包人进行共同复核或抽样复测

D. 承包人未按监理人要求参加复核或抽样复测的，监理人复核或修正的工程量视为承包人实际完成的工程量

53. 【刷基础】单价合同计量的方法有（　　）。[多选]

A. 估价法

B. 图纸法

C. 概算法

D. 均摊法

E. 分解计量法

54. 【刷重点】某工程项目施工合同约定竣工时间为 2020 年 12 月 30 日，承包人施工质量不合格返工导致总工期延误了 2 个月；2021 年 1 月项目所在地政府出台了新政策，直接导致承包人计入总造价的税金增加 20 万元。下列关于增加的 20 万元税金责任承担的说法，正确的是（　　）。[单选]

A. 由承包人和发包人共同承担，理由是国家政策变化，非承包人的责任

B. 由发包人承担，理由是国家政策变化，承包人没有义务承担

C. 由承包人承担，理由是承包人责任导致延期，进而导致税金增加

D. 由发包人承担，理由是承包人承担质量问题责任，发包人承担政策变化的风险

55. 【刷基础】合同工程实施期间，如果出现招标工程量清单中措施项目缺项，承包人应将新增措施项目实施方案提交发包人批准后，按照（　　）的规定调整合同价款。[单选]

A. 变更价款　　B. 规范相关规定

C. 合同约定　　D. 措施项目清单

56. 【刷重点】对于任一采用工程量清单招标的项目，如果工程量偏差和工程变更等原因导致工程量存在较大偏差，调整的原则是（　　）。[单选]

A. 当工程量增加超过15%以上，其增加部分的工程量的综合单价应予以调高

B. 当工程量增加超过10%以上，其增加部分的工程量的综合单价应予以调高

C. 当工程量减少15%以上时，减少后剩余部分工程量的综合单价应予以调高

D. 当工程量减少10%以上时，减少后剩余部分工程量的综合单价应予以调高

57. 【刷难点】按照《建设工程施工合同（示范文本）》，某工程签订了单价合同，在执行过程中，某分项工程原清单工程量为1 000m^3，综合单价为每立方米25元，后因业主方原因实际工程量变更为1 500m^3，合同中约定：若实际工程量超过计划工程量15%以上，超过部分综合单价调整为每立方米23元。不考虑其他因素，则该分项工程的结算款应为（　　）元。[单选]

A. 36 800　　B. 35 000

C. 33 750　　D. 32 875

58. 【刷难点】某现浇混凝土工程采用单价合同，招标工程量清单中的工程数量为3 000m^3；合同约定：综合单价为每立方米800元，当实际工程量超过清单中工程数量的15%时，综合单价调整为原单价的0.9。工程结束时经监理工程师确认的实际完成工程量为3 500m^3，则现浇混凝土工程款应为（　　）万元。[单选]

A. 240.0　　B. 252.0

C. 279.6　　D. 276.0

59. 【刷基础】根据《建设工程工程量清单计价规范》，工程发包时招标人压缩的工期不得超过定额工期的（　　），否则应在招标文件中明示增加赶工费。[单选]

A. 10%　　B. 15%

C. 20%　　D. 30%

60. 【刷基础】根据《建设工程工程量清单计价规范》，某工程定额工期为20个月，合同工期为18个月。合同实施中，发包人要求该工程提前1个月竣工，征得承包人同意后，调整了合同工期。下列关于该工程工期和赶工费用的说法，正确的是（　　）。[单选]

A. 发包人要求的合同工期比定额工期提前了1个月竣工，应承担提前竣工3个月的赶工费用

B. 发包人要求工程提前1个月竣工，应承担提前竣工1个月的赶工费用

C. 发包人要求压缩的工期天数不超过定额工期的20%，应承担提前竣工3个月的赶工费用

D. 发包人要求压缩的工期天数未超过定额工期的10%，不支付赶工费用

61. 【刷重点】在合同工程履行期间，因不可抗力事件导致的合同价款和工期调整，下列说法正确的有（　　）。[多选]

A. 承包人在停工期间按照发包人要求修复工程的费用由承包人承担

B. 承包人施工设备的损坏由发包人承担

C. 永久工程损坏由发包人承担

D. 因不可抗力引起工期延误，发包人要求赶工的，赶工费用由发包人承担

E. 发包人和承包人承担各自人员伤亡和财产损失

62. 【刷基础】根据《建设工程施工合同（示范文本）》（GF—2017—0201），合同中有适用于变更工程的价格，则变更合同的价款的确定方法是（　　）。[单选]

A. 直接按合同已有的价格确定

B. 由发包人提供并经双方确认执行

C. 参照已有价格并结合变更工程量大小综合确定

D. 由承包人提出并经当地工程造价管理部门审查确定

63. 【刷重点】按照《建设工程施工合同（示范文本）》（GF—2017—0201），除专用合同条款另有约定外，变更估价按照相关约定处理。下列说法中，正确的有（　　）。[多选]

A. 已标价工程量清单或预算书有相同项目的，按照相同项目单价认定

B. 已标价工程量清单或预算书中无相同项目，但有类似项目的，参照类似项目的单价认定

C. 变更导致实际完成的变更工程量与已标价工程量清单或预算书中列明的该项目工程量的变化幅度超过10%的，按照合理的成本与利润构成的原则，由双方协商确定变更工作的单价

D. 因变更引起的价格调整应计入最终结算款中支付

E. 已标价工程量清单或预算书中无相同项目及类似项目单价的，按照合理的成本与利润构成的原则，由总监理工程师确定变更工作的单价

64. 【刷基础】由监理工程师原因引起承包商向业主索赔施工机械闲置费时，承包商自有设备窝工费一般按设备的（　　）计算。[单选]

A. 台班费

B. 台班折旧费

C. 台班费与进出场费用

D. 市场租赁价格

65. 【刷难点】施工现场承包商自有机械一台，台班单价1 000元/台班，折旧费500元/台班，人工日工资单价100元/工日，窝工补贴50元/工日。由于电网停电，停工2天，人工窝工10工日，则施工企业可索赔（　　）元。[单选]

A. 0　　　　B. 500

C. 1 000　　　　D. 1 500

66. 【刷难点】某建设工程由于业主临时设计变更而停工，承包商的工人窝工8个工日，窝工费为300元/工日；承包商租赁的挖土机窝工2个台班，挖土机租赁费为1 000元/台班，动力

费为160元/台班；承包商自有的自卸汽车窝工2个台班，该汽车折旧费用为400元/台班，动力费为200元/台班。承包商可以向业主索赔的费用为（　　）元。[单选]

A. 5 200　　B. 4 800

C. 5 400　　D. 5 800

67. 【刷基础】根据《建设工程工程量清单计价规范》（GB 50500—2013），因分部分项工程量清单漏项或非承包人原因的工程变更，需要增加新的分部分项工程量清单项目，引起措施项目发生变化，原措施费中没有的措施项目，其费用的确定方法是（　　）。[单选]

A. 由发包人提出适当的措施费变更，经承包人确认后调整

B. 由承包人提出适当的措施费变更，经发包人确认后调整

C. 由监理人提出适当的措施费变更，经发、承包人确认后调整

D. 参照原有措施费的组价方法调整

68. 【刷基础】计算工程索赔时，最常用的一种方法是（　　）。[单选]

A. 总费用法

B. 修正的总费用法

C. 实际费用法

D. 协商费用法

69. 【刷基础】下列关于修正总费用法计算索赔费用的说法，正确的是（　　）。[单选]

A. 计算索赔款的时段可以是整个施工期

B. 索赔金额为受影响工作调整后的实际总费用减去该项工作的报价费用

C. 索赔款应包括受到影响时段内所有工作所受的损失

D. 索赔款只包括受到影响时段内关键工作所受的损失

70. 【刷重点】根据《建设工程价款结算暂行办法》，下列关于现场签证的说法，正确的是（　　）。[单选]

A. 发包人应在发生现场签证事件的14天内向发包人提出签证

B. 发包人未签证同意，承包人自行施工后发生争议的，责任由双方共同承担

C. 发包人应在收到承包人的签证报告7天内给予确认或提出修改意见

D. 发承包双方确认的现场签证费用与工程进度款同期支付

71. 【刷基础】下列事项中，属于现场签证范围的有（　　）。[多选]

A. 确认修改施工方案引起的工程量增减

B. 施工过程中发生变更后需要现场确认的工程量

C. 施工合同范围内的工程量确认

D. 承包人原因导致的人工窝工及有关损失

E. 工程变更导致的措施费用增减

72. 【刷基础】根据《保障农民工工资支付条例》（中华人民共和国国务院令第724号），下列说法正确的是（　　）。[单选]

A. 施工总承包单位、分包单位应当建立用工管理台账，并保存至工程完工且工资全部

结清后至少3年

B. 农民工工资可以是货币形式，也可以是实物或者有价证券等其他形式

C. 用人单位应当按照工资支付周期编制书面工资支付台账，并至少保存1年

D. 施工总承包单位对所招用农民工的实名制管理和工资支付负直接责任

73. 【刷重点】根据《建设工程施工合同（示范文本）》，下列关于安全文明施工费的说法，正确的是（　　）。[单选]

A. 因基准日期后合同适用的法律发生变化，增加的安全文明施工费由发包人承担

B. 发包人可以根据施工项目环境和安全情况酌情扣减部分安全文明施工费

C. 承包人经发包人同意采取合同约定以外的安全措施所产生的费用，由承包人承担

D. 承包人对安全文明施工费应专款专用，在财务账目中与管理费合并列项备查

74. 【刷重点】下列关于工程预付款的说法，正确的有（　　）。[多选]

A. 预付款至迟应在开工通知载明的开工日期14天前支付

B. 发包人逾期支付预付款超过7天的，承包人有权向发包人发出要求预付的催告通知

C. 预付款的担保形式包括银行保函、担保公司担保等

D. 发包人在工程款中逐期扣回预付款后，预付款担保额度应保持不变

E. 除专用合同条款另有约定外，预付款在进度付款中同比例扣回

75. 【刷难点】下列关于进度款审核和支付的说法，正确的有（　　）。[多选]

A. 发包人签发进度款支付证书或临时进度款支付证书，表明发包人已同意、批准或接受了承包人完成的相应部分的工作

B. 除专用合同条款另有约定外，监理人应在收到承包人进度付款申请单以及相关资料后7天内完成审查并报送发包人，发包人应在收到后7天内完成审批并签发进度款支付证书

C. 发包人逾期未完成审批且未提出异议的，视为已签发进度款支付证书

D. 除专用合同条款另有约定外，发包人应在进度款支付证书或临时进度款支付证书签发后14天内完成支付

E. 发包人逾期支付进度款的，应按照中国人民银行发布的同期同类贷款基准利率支付违约金

76. 【刷重点】下列关于发包人签发竣工结算支付证书与支付结算款的说法，错误的是（　　）。[单选]

A. 发包人在收到承包人提交竣工结算申请书后28天内未完成审批且未提出异议的，视为发包人认可承包人提交的竣工结算申请单

B. 除专用合同条款另有约定外，发包人应在签发竣工付款证书后的28天内，完成对承包人的竣工付款

C. 发包人逾期支付的，按照中国人民银行发布的同期同类贷款基准利率支付违约金

D. 逾期支付超过56天的，按照中国人民银行发布的同期同类贷款基准利率的两倍支付违约金

77. 【刷基础】根据《建设工程施工合同（示范文本）》（GF—2017—0201），提交的竣工结算申请单的内容应包括（　　）。[多选]

A. 竣工结算合同价格

B. 已经处理完的索赔资料

C. 发包人已支付承包人的款项

D. 应扣留的质量保证金（已缴纳履约保证金）

E. 发包人应支付承包人的合同价款

78. 【刷重点】下列关于最终结清的说法，正确的有（　　）。[多选]

A. 除专用合同条款另有约定外，承包人应在缺陷责任期终止证书颁发后 7 天内，按专用合同条款约定的份数向发包人提交最终结清申请单，并提供相关证明材料

B. 除专用合同条款另有约定外，发包人应在收到承包人提交的最终结清申请单后 14 天内完成审批并向承包人颁发最终结清证书

C. 发包人逾期未完成审批，又未提出修改意见的，视为发包人同意承包人提交的最终结清申请单，且自发包人收到承包人提交的最终结清申请单后 15 天起视为已颁发最终结清证书

D. 除专用合同条款另有约定外，发包人应在颁发最终结清证书后 14 天内完成支付

E. 除专用合同条款另有约定外，最终结清申请单应列明质量保证金、应扣除的质量保证金、缺陷责任期内发生的增减费用

参考答案

1. A	2. BCDE	3. ABDE	4. D	5. ABCE	6. B
7. B	8. ABD	9. A	10. B	11. B	12. ABCE
13. B	14. C	15. ACDE	16. D	17. D	18. D
19. A	20. A	21. D	22. B	23. C	24. AE
25. B	26. ACDE	27. A	28. D	29. D	30. B
31. CE	32. D	33. A	34. ADE	35. B	36. ABC
37. D	38. A	39. ABDE	40. D	41. A	42. A
43. AD	44. D	45. BD	46. C	47. C	48. AE
49. A	50. ABCE	51. D	52. B	53. ABDE	54. C
55. B	56. C	57. A	58. C	59. C	60. B
61. CDE	62. A	63. AB	64. B	65. D	66. A
67. B	68. C	69. B	70. D	71. ABE	72. A
73. A	74. BCE	75. BCDE	76. B	77. ACE	78. ABCE

第五章 必刷

学习总结

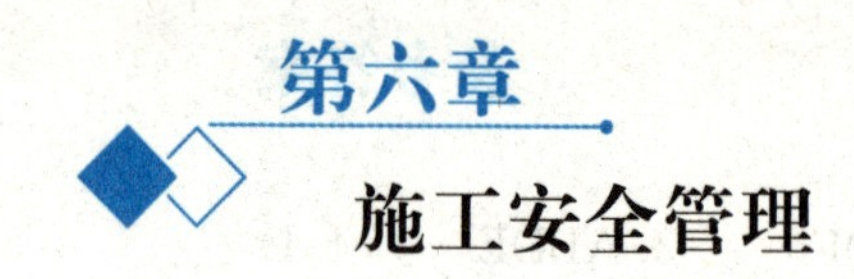

第六章 施工安全管理

第一节 职业健康安全管理体系

考点1 职业健康安全管理体系标准

1.【刷基础】根据《职业健康安全管理体系 要求及使用指南》的总体结构，属于绩效评价的内容的是（ ）。[单选]

A. 应急准备和响应　　B. 持续改进

C. 不符合的纠正措施　　D. 内部审核

2.【刷基础】环境管理体系标准的特点有（ ）。[多选]

A. 强调与环境污染预防、环境保护等法律法规的符合性

B. 该标准是强制性标准，各类组织必须严格执行

C. 注重体系的科学性、完整性和灵活性

D. 采用的是PDCA动态循环、不断上升的螺旋式管理模式

E. 该标准的制定是为了满足环境管理体系评价和认证的需要

3.【刷基础】职业健康安全管理的目的是通过职业健康安全生产管理活动，减少或消除生产因素中的（ ），避免事故发生。[单选]

A. 违章指挥和违规作业

B. 不安全行为和状态

C. 不安全状态和职业病

D. 违章作业和错误操作

4.【刷基础】施工企业在其经营生产的活动中必须对本企业的安全生产负全面责任，（ ）是安全生产的第一负责人。[单选]

A. 项目负责人　　B. 监理工程师

C. 总监理工程师　　D. 企业的法定代表人

5.【刷重点】下列关于施工企业职业健康安全与环境管理要求的说法，正确的是（ ）。[单选]

A. 取得安全生产许可证的施工企业，可以不设立安全生产管理机构

B. 企业法定代表人是安全生产的第一负责人，项目经理是施工项目生产的主要负责人

C. 建设工程实行总承包的，分包合同中明确各自安全生产方面的权利和义务，分包单位发生安全生产事故时，总承包单位不承担连带责任

D. 建设工程项目中防治污染的设施，经监理单位验收合格后方可投入使用

6.【刷重点】工程施工职业健康安全管理工作包括：①确定职业健康安全目标；②识别并评

价危险源及风险；③持续改进相关措施和绩效；④编制并实施项目职业健康安全技术措施计划；⑤职业健康安全技术措施计划实施结果验证。正确的程序是（　　）。[单选]

A. ①→②→④→⑤→③

B. ①→②→⑤→④→③

C. ②→①→④→③→⑤

D. ②→①→④→⑤→③

7. 【刷重点】根据《建设工程安全生产管理条例》和《职业健康安全管理体系 要求及使用指南》，下列关于建设工程施工职业健康安全管理的基本要求的说法，正确的有（　　）。[多选]

A. 施工企业必须对本企业的安全生产负全面责任

B. 在工程设计阶段，设计单位应编制职业健康安全施工生产技术措施计划

C. 施工项目负责人和专职安全生产管理人员应持证上岗

D. 施工企业应按规定为从事危险作业的人员在现场工作期间办理意外伤害保险

E. 实行总承包的工程，分包单位应接受总承包单位的安全生产管理

8. 【刷重点】施工现场管理要求中，属于施工环境管理基本要求的有（　　）。[多选]

A. 现场应配备紧急处理医疗设施

B. 尽量减少建设工程施工所产生的噪声对周围生活环境的影响

C. 禁止使用有毒、有害物质超过国家标准的建筑材料

D. 现场应采取防暑、降温措施

E. 现场生产区、生活区、办公区应分离

考点 2　职业健康安全管理体系与环境管理体系的建立和运行

9. 【刷重点】施工企业职业健康安全和环境管理体系的管理评审是（　　）。[单选]

A. 管理体系接受政府监督的一种体制

B. 管理体系自我保证和自我监督的一种机制

C. 企业最高管理者对管理体系的系统评价

D. 对企业执行相关法律情况的评价

10. 【刷基础】施工职业健康安全管理体系文件包括（　　）。[多选]

A. 管理方案

B. 管理手册

C. 程序文件

D. 初始状态评审文件

E. 作业文件

11. 【刷重点】职业健康安全与环境管理体系的作业文件一般包括（　　）。[多选]

A. 作业指导书

B. 管理规定

C. 监测活动准则

D. 程序文件引用表格

E. 绩效报告

12. 【刷重点】职业健康安全与环境管理体系的维持包括（　　）。[多选]

A. 预防措施

B. 合规性评价

C. 信息交流

D. 管理评审

E. 内部审核

13. 【刷基础】施工职业健康安全管理体系中，一般分（　　）层次进行合规性评价。[多选]

A. 施工人员级　　B. 作业班组级
C. 项目组级　　D. 部门级
E. 公司级

第二节　施工生产危险源与安全管理制度

考点 1　施工生产危险源及其控制

14. 【刷基础】下列施工现场危险源中，属于第一类危险源的是（　　）。[单选]

A. 工人取用汽油操作不规范　　B. 存放汽油的区域缺少必要的隔离措施
C. 现场存放大量汽油　　D. 汽油储存设备老化

15. 【刷基础】根据危险源在事故发生发展中的作用，把危险源分为两大类，即第一类危险源和第二类危险源。下列危险源不属于第二类危险源特征的是（　　）。[单选]

A. 能量或危险物质的量　　B. 管理缺陷
C. 设备故障或缺陷　　D. 人为失误

16. 【刷基础】某工地在一天的混凝土作业完成后，指派一个新工人做清理工作，该工人违反有关规定，在搅拌机未断电、身边无其他人员的情况下，站在搅拌机料斗上用水冲洗机内残料，不小心碰到控制搅拌机起落的扳把，带动料斗翻起，造成该工人被挤伤。该起事故属于（　　）作用的结果。[单选]

A. 第一类危险源　　B. 第二类危险源
C. 两类危险源共同　　D. 非危险源

17. 【刷基础】下列风险控制方法中，适用于第一类危险源控制的是（　　）。[单选]

A. 提高各类施工设施的可靠性　　B. 隔离危险物质
C. 设置安全监控系统　　D. 改善作业环境

18. 【刷基础】下列风险控制方法中，不属于第二类危险源控制方法的是（　　）。[单选]

A. 消除或减少故障　　B. 隔离危险物质
C. 增加安全系数　　D. 设置安全监控系统

19. 【刷重点】下列属于第一类危险源的有（　　）。[多选]

A. 造成约束、限制能量措施失控的不安全因素　　B. 具有破坏性的各种不安全因素
C. 可能发生意外释放的能量　　D. 可能发生意外释放的危险物质
E. 有害因素及危险因素

20. 【刷重点】下列选项中，属于第二类危险源控制方法的有（　　）。[多选]

A. 消除危险源　　B. 限制能量
C. 增加安全系数　　D. 提高设施的可靠性以消除或减少故障

E. 改善作业环境

21. 【刷基础】第二类危险源的风险控制中，最重要的工作是（　　）。[多选]

A. 加强员工的安全意识培训和教育
B. 设置安全监控系统
C. 改善作业环境
D. 制定应急救援体系
E. 克服不良的操作习惯

考点2 施工安全管理制度

22. 【刷重点】下列关于安全生产管理制度的说法，正确的是（　　）。[单选]

A. 应贯彻“安全第一，预防为主”的方针，建立健全安全生产责任制和群防群治制度
B. 安全生产管理制度的核心是政府安全生产监督检查制度
C. 安全生产许可证有效期2年，期满需要延期的，企业应于期满前2个月办理延期手续
D. 建筑面积1万平方米以上的工地至少配备3名以上专职安全人员

23. 【刷基础】施工企业安全生产责任制度应当覆盖的范围是（　　）。[单选]

A. 纵向从最高管理者到专职安全生产管理人员，横向涵盖各职能部门
B. 纵向从最高管理者到班组长和岗位人员，横向涵盖各职能部门
C. 纵向从最高管理者到专职安全生产管理人员，横向涵盖各项目负责人
D. 纵向从最高管理者到班组长和岗位人员，横向涵盖各项目负责人

24. 【刷基础】施工企业在安全生产许可证有效期内严格遵守有关安全生产的法律法规，未发生死亡事故的，安全生产许可证期满时，经原安全生产许可证的颁发管理机关同意，可不再审查，其有效期延期（　　）年。[单选]

A. 1
B. 3
C. 2
D. 5

25. 【刷重点】下列关于特种作业人员应具备条件的说法，正确的是（　　）。[单选]

A. 具有初中及以上文化程度
B. 必须为男性
C. 连续从事特种工作10年以上
D. 年满16周岁，且不超过国家法定退休年龄

26. 【刷重点】下列对施工特种作业人员安全教育的管理要求中，正确的是（　　）。[单选]

A. 特种作业操作证每5年复审1次
B. 培训和考核的重点是安全技术基础知识
C. 特种作业操作证的复审时间可有条件延长至10年1次
D. 培训考核合格取得操作证后才可独立作业

27. 【刷基础】下列关于某起重信号工病休7个月后重返工作岗位的说法，正确的是（　　）。[单选]

A. 应重新进行安全技术理论学习，经确认合格后上岗作业
B. 应在从业所在地考核发证机关申请备案后上岗作业
C. 应重新进行实际操作考试，经确认合格后上岗作业

D. 应重新进行安全技术理论学习、实际操作考试，经确认合格后上岗作业

28. 【刷基础】对建设工程来说，新员工上岗前的三级安全教育具体应由（　　）负责实施。[单选]

A. 公司、项目、班组

B. 企业、工区、施工队

C. 企业、公司、工程处

D. 工区、施工队、班组

29. 【刷基础】安全生产管理制度的核心是（　　）。[单选]

A. 全员安全生产责任制度

B. 安全生产许可证制度

C. 政府安全生产监督检查制度

D. 安全生产教育培训制度

30. 【刷重点】下列关于特种作业人员的安全教育的说法，正确的有（　　）。[多选]

A. 特种作业人员上岗作业前，必须进行专门的安全技术和操作技能的培训教育

B. 特种作业人员培训后，经考核合格方可取得操作证，并准许独立作业

C. 取得操作证特种作业人员，必须定期进行复审。特种作业操作证每 3 年复审 1 次

D. 特种作业操作证的复审时间可以最多延长至每 5 年 1 次

E. 特种作业操作证的复审时间可以最多延长至每 6 年 1 次

31. 【刷重点】下列关于企业员工安全教育的说法，正确的有（　　）。[多选]

A. 对建设工程来说，新员工上岗前的三级安全教育是指企业（公司）、项目（或工区、工程处、施工队）、班组三级

B. 企业新上岗的从业人员，岗前培训时间不得少于 48 学时

C. 项目（或工区、工程处、施工队）级安全教育由项目级负责人组织实施，专职或兼职安全员协助

D. 班组级安全教育由班组长组织实施，内容包括岗位安全操作规程、岗位间工作衔接配合的安全生产事项、劳动防护用品（用具）的性能及正确使用方法等内容

E. 当组织内部员工发生从一个岗位调到另外一个岗位，或从某工种改变为另一工种，或因放长假离岗 1 年以上重新上岗的情况，企业必须进行相应的安全技术培训和教育

32. 【刷基础】下列施工企业员工安全教育的形式中，属于经常性安全教育的有（　　）。[多选]

A. 事故现场会

B. 上岗前三级安全教育

C. 变换岗位时的安全教育

D. 安全生产会议

E. 安全活动日

33. 【刷难点】下列关于安全检查制度的说法，正确的有（　　）。[多选]

A. 安全检查的目的是发现企业及生产过程中的危险因素，以便有计划地采取措施，保证安全生产

B. 安全检查的方式有企业组织的定期安全检查，各级管理人员的日常巡回安全检查，班组自检、互检、交接检查等

C. 安全检查的内容包括查思想、查管理、查隐患、查整改、查伤亡事故处理等

D. 安全检查的重点是检查“三违”和安全责任制的落实

E. 安全隐患的处理程序是“登记—复查—整改—销案”

34. 【刷基础】下列关于工伤和意外伤害保险制度的说法，正确的有（　　）。[多选]

A. 建筑施工企业应当依法为职工参加工伤保险缴纳工伤保险费

B. 建筑施工企业必须为从事危险作业的职工办理意外伤害保险，支付保险费

C. 工伤保险属于法定的强制性保险

D. 建筑施工企业可以不为从事危险作业的职工办理意外伤害保险，支付保险费

E. 工伤保险不属于法定的强制性保险

第三节　专项施工方案及施工安全技术管理

考点 1　专项施工方案编制与报审

35. 【刷基础】专项施工方案应由（　　）审核签字、加盖单位公章。[单选]

A. 施工单位项目经理

B. 监理单位监理工程师

C. 监理单位总监理工程师

D. 施工单位技术负责人

36. 【刷重点】根据《建设工程安全生产管理条例》，下列分部分项工程中，应当组织专家进行施工方案论证的有（　　）。[多选]

A. 深基坑工程　　　　B. 地下暗挖工程

C. 脚手架工程　　　　D. 高大模板工程

E. 爆破工程

37. 【刷重点】根据《建设工程安全生产管理条例》，对达到一定规模的危险性较大的分部分项工程，正确的安全管理做法有（　　）。[多选]

A. 所有专项施工方案均应组织专家进行论证、审查

B. 施工单位应当编制专项施工方案，并附具安全验算结果

C. 专项施工方案由专职安全生产管理人员进行现场监督

D. 专项施工方案经现场工程师签字后即可实施

E. 专项施工方案应由企业法定代表人审批

考点 2　安全技术措施及安全技术交底

38. 【刷重点】下列关于临边作业防护栏杆的说法，错误的是（　　）。[单选]

A. 防护栏杆应为两道横杆

B. 上杆距地面高度应为1.2m

C. 挡脚板高度不应小于200mm

D. 防护栏杆立杆间距不应大于2m

39. 【刷基础】下列属于施工安全技术交底主要内容的有（　　）。[多选]

A. 工程项目和分部分项工程的概况

B. 作业中应遵守的安全操作规程

C. 作业人员发现事故隐患应采取的措施

D. 发生事故后应及时采取的避难和急救措施

E. 施工项目的施工方案编制和审核

第四节　施工安全事故应急预案和调查处理

考点1 施工安全事故隐患处置和应急预案

40. 【刷基础】某建设工程生产安全事故应急预案中，针对脚手架拆除可能发生的事故、相关危险源和应急保障而制定的方案，从性质上属于（　　）。[单选]

A. 专项应急预案

B. 综合应急预案

C. 现场应急预案

D. 现场处置方案

41. 【刷重点】下列关于生产安全事故应急预案的说法，正确的有（　　）。[多选]

A. 应急预案体系包括综合应急预案、专项应急预案和现场处置方案

B. 编制目的是杜绝职业健康安全和环境事故的发生

C. 综合应急预案从总体上阐述应急的基本要求和程序

D. 专项应急预案是针对具体装置、场所或设施、岗位所制定的应急措施

E. 现场处置方案是针对具体事故类别、危险源和应急保障而制订的计划或方案

42. 【刷基础】施工单位的生产安全事故应急预案经评审或论证后，应由（　　）向本单位从业人员公布。[单选]

A. 施工单位所在地应急管理部门

B. 施工单位主要负责人

C. 施工单位法定代表人

D. 施工单位生产安全管理部门负责人

43. 【刷基础】下列生产安全事故应急预案中，应报同级人民政府和上一级人民政府应急管理部门备案的是（　　）。[单选]

A. 中央管理的企业集团的应急预案

B. 地方建设行政主管部门的应急预案

C. 特级施工总承包企业的应急预案

D. 地方各级人民政府应急管理部门的应急预案

44. 【刷重点】下列关于安全生产事故应急预案管理的说法，正确的是（　　）。[单选]

A. 非参建单位的安全生产及应急管理方面的专家，均可受邀参加应急方案评审

B. 应急预案应报同级人民政府和上一级人民政府应急管理部门备案

C. 生产经营单位应每半年至少组织一次现场处置方案演练

D. 生产经营单位应每半年至少组织两次综合应急预案演练或者专项应急预案演练

45. 【刷重点】施工单位生产安全事故应急预案应当进行及时修订的情形有（　　）。[多选]

A. 项目建设单位的组织机构发生调整

B. 应急指挥机构及其职责发生调整

C. 面临的事故风险发生重大变化

D. 下位预案中有关规定发生重大变化

E. 重要应急救援资源发生重大变化

考点 2　施工安全事故等级和应急预案

46. 【刷基础】根据《企业职工伤亡事故分类》，某工人因在施工作业过程中受伤，在家休养21周后完全康复，该工人的伤害程度为（　　）。[单选]

A. 重伤　　B. 轻伤

C. 职业病　　D. 失能伤害

47. 【刷重点】根据《生产安全事故报告和调查处理条例》，某工程因提前拆模导致垮塌，造成74人死亡，2人受伤的事故，该事故属于（　　）。[单选]

A. 重大事故　　B. 较大事故

C. 一般事故　　D. 特别重大事故

48. 【刷重点】某安全事故造成6人死亡，15人重伤，直接经济损失5 000万元，该事故属于（　　）。[单选]

A. 较大事故　　B. 一般事故

C. 重大事故　　D. 特别重大事故

49. 【刷难点】根据《生产安全事故报告和调查处理条例》，下列安全事故中，属于较大事故的有（　　）。[多选]

A. 10人死亡，直接经济损失1 000万元的事故

B. 3人死亡，10人重伤，直接经济损失2 000万元的事故

C. 30人死亡，直接经济损失6 000万元的事故

D. 100人重伤，直接经济损失1.2亿元的事故

E. 2人死亡，直接经济损失1 000万元的事故

考点 3　施工安全事故报告和调查处理

50. 【刷基础】根据《生产安全事故报告和调查处理条例》（国务院令第493号），安全生产事故发生后，受伤者或最先发现事故的人员应该立即用最快的传递手段，向（　　）报

告。[单选]

A. 安全员　　B. 项目经理

C. 施工单位负责人　　D. 项目总监理工程师

51. 【刷重点】根据《生产安全事故报告和调查处理条例》等相关规定的要求，较大事故应上报至（　　）。[单选]

A. 国务院建设主管部门

B. 直辖市人民政府建设主管部门

C. 自治区人民政府建设主管部门

D. 省人民政府建设主管部门

52. 【刷重点】施工项目发生安全事故后，必须实施的“四不放过”原则包括（　　）。[多选]

A. 瞒报、漏报事故不放过

B. 整改措施没有落实不放过

C. 责任人员没有受到处理不放过

D. 有关人员没有受到教育不放过

E. 事故原因没有查清不放过

53. 【刷重点】下列有关建设工程生产安全事故报告的说法，正确的有（　　）。[多选]

A. 施工现场最先发现事故的人员应立即用最快的手段向施工单位负责人报告

B. 施工单位负责人接到报告后应当在 1 小时内上报事故情况

C. 特别重大事故应逐级上报至国务院建设行政主管部门

D. 重大事故应逐级上报至省级建设行政主管部门

E. 任何情况下，建设主管部门均不得越级上报事故情况

54. 【刷重点】建设工程安全事故调查报告的主要内容有（　　）。[多选]

A. 事故发生单位概况

B. 事故发生经过和事故救援情况

C. 事故造成的人员伤亡和直接经济损失

D. 事故的初步原因

E. 事故防范和整改措施

参考答案

1. D	2. ACD	3. B	4. D	5. B	6. D
7. ACDE	8. BC	9. C	10. BCE	11. ABCD	12. BDE
13. CE	14. C	15. A	16. C	17. B	18. B
19. CD	20. CDE	21. AE	22. A	23. B	24. B
25. A	26. D	27. C	28. A	29. A	30. ABCE
31. ACDE	32. ADE	33. ABCD	34. ACD	35. D	36. ABD
37. BC	38. C	39. ABCD	40. A	41. AC	42. B
43. D	44. C	45. BCE	46. A	47. D	48. C
49. BE	50. C	51. A	52. BCDE	53. ABC	54. ABCE

学习总结

第七章

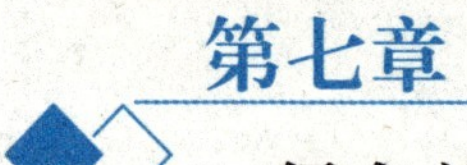

绿色施工及环境管理

第一节 绿色施工管理

考点 绿色施工管理及理念原则

1. 【刷基础】绿色施工中的“四节一环保”是指（　　）。[单选]

A. 节电、节水、节能、节地和环境保护

B. 节材、节水、节煤、节地和环境保护

C. 节材、节水、节能、节地和环境保护

D. 节电、节水、节材、节地和环境保护

2. 【刷重点】下列不属于循环经济的“3R”原则的是（　　）。[单选]

A. 减量化　　B. 可持续

C. 再利用　　D. 再循环

第二节 施工现场环境管理

考点1 施工现场文明施工要求

3. 【刷基础】施工现场文明施工管理的第一责任人是（　　）。[单选]

A. 项目经理

B. 建设单位负责人

C. 施工单位负责人

D. 项目专职安全员

4. 【刷重点】下列施工现场文明施工的做法中，正确的是（　　）。[单选]

A. 施工现场周围设置半封闭围挡

B. 项目周围连续设置1.5m封闭围挡

C. 集体宿舍与作业区隔离，临时堆放材料可堆至宿舍区

D. 现场主要场地应硬化

5. 【刷重点】施工现场文明施工要求工地按照相关文件规定的尺寸和规格制作的“五牌一图”包括（　　）等。[多选]

A. 工程概况牌　　B. 组织结构图

C. 消防保卫（防火责任）牌　　D. 环境保护牌

E. 安全生产牌

6.【刷难点】下列关于施工现场文明施工和环境保护的要求的说法，错误的有（　　）。[多选]

A. 市区路段围挡高度不宜低于 2.2m
B. 应确立项目经理为现场文明施工的第一责任人
C. 工地四周设置连续、密闭的砖砌围墙，与外界隔绝进行封闭施工
D. 妥善处理泥浆水，未经处理不得直接排入城市排水设施和河流
E. 施工现场 200 人以上的临时食堂，污水排放时可设置简易有效的隔油池

考点 2　施工现场环境保护措施

7.【刷重点】根据《建设工程施工现场环境与卫生标准》，下列施工单位采取的防止环境污染的技术措施中，正确的是（　　）。[单选]

A. 施工污水有组织地直接排入市政污水管网
B. 施工现场出口处应设置车辆冲洗设施，并应对驶出的车辆进行清洗
C. 采取防火措施后在现场焚烧包装废弃物
D. 为避免扬尘污染，应在施工现场全部使用预拌制混凝土及预拌砂浆

8.【刷基础】在人口密集区进行强噪声施工作业时，按规定需避开的时段为（　　）。[单选]

A. 晚 10 时到次日早 7 时　　B. 晚 11 时到次日早 6 时
C. 晚 10 时到次日早 6 时　　D. 晚 11 时到次日早 7 时

9.【刷重点】根据《建筑施工场界环境噪声排放标准》，建筑施工过程中场界环境噪声昼间不得超过（　　），夜间不得超过（　　）。[单选]

A. 70dB（A），55dB（A）　　B. 75dB（A），55dB（A）
C. 70dB（A），50dB（A）　　D. 75dB（A），50dB（A）

10.【刷重点】下列施工现场环境污染的处理措施中，正确的是（　　）。[单选]

A. 固体废弃物必须单独储存
B. 电气焊必须在工作面设置光屏幕
C. 在施工现场焚烧沥青时，应采取防火等安全措施
D. 存放油料库的地面和高 250mm 墙面必须进行防渗处理

11.【刷难点】在某市中心施工的工程，施工单位采取的下列环境保护措施中，正确的有（　　）。[多选]

A. 用餐人数在 100 人以上的施工现场临时食堂，设置简易有效的隔油池
B. 施工现场水磨石作业产生的污水，分批排入市政污水管网
C. 固体废弃物的运输应采取分类、密封、覆盖，避免泄漏、遗漏
D. 在进行沥青防水作业时，使用密闭和带有烟尘处理装置的加热设备
E. 施工现场外围设置 1.5m 高的围挡

参考答案

1. C	2. B	3. A	4. D	5. ACE	6. AE
7. B	8. C	9. A	10. D	11. ACD	

学习总结

第八章
施工文件归档管理及项目管理新发展

第一节　施工文件归档管理

考点 1　施工文件的立卷

1. 【刷重点】下列施工项目相关的信息资料中，属于施工技术资料信息的是（　　）。[单选]

A. 材料设备进场记录
B. 施工日志
C. 主要构配件的试验报告
D. 质量检查记录

2. 【刷基础】工程项目信息管理的核心指导文件是（　　）。[单选]

A. 信息编码体系
B. 信息分类标准
C. 信息管理手册
D. 信息处理方法

3. 【刷重点】施工记录信息包括（　　）。[多选]

A. 施工日志
B. 施工试验记录
C. 质量检查记录
D. 隐蔽工程验收记录
E. 材料设备进场记录

4. 【刷基础】施工方信息管理手段的核心是（　　）。[单选]

A. 实现工程管理信息化
B. 编制信息管理手册
C. 建立基于互联网的信息处理平台
D. 实现办公自动化

5. 【刷重点】下列工程管理的信息资源中，属于管理类工程信息的是（　　）。[单选]

A. 与建筑业有关的专家信息
B. 建设物资的市场信息
C. 与合同有关的信息
D. 与施工有关的技术信息

6. 【刷基础】在工程管理的信息资源中，专家信息属于（　　）类工程信息。[单选]

A. 组织
B. 管理
C. 经济
D. 技术

7. 【刷基础】可提高工程管理数据传输的抗干扰能力，使数据传输不受距离限制，并可提高数据传输的保真度和保密性，这一功能可通过信息技术的（　　）来实现。[单选]

A. 信息储存的数字化和集中化
B. 信息传输的数字化和电子化
C. 信息处理和变换的程序化

D. 信息获取的便捷性和信息流扁平化

8. 【刷难点】下列工程管理的信息资源中，属于经济类工程信息的有（　　）。[多选]

A. 专家信息

B. 建设物资的市场信息

C. 与投资控制有关的信息

D. 项目融资的信息

E. 与进度控制有关的信息

9. 【刷重点】下列关于竣工图编制要求的说法，错误的是（　　）。[单选]

A. 涉及图面变更面积超过25%的，应重新绘制竣工图

B. 应完整、准确、清晰、规范，修改到位，真实反映项目竣工验收时的实际情况

C. 如果按施工图施工没有变动的，由竣工图编制单位在施工图上加盖并签署竣工图章

D. 一般性图纸变更，可在原图上更改，加盖并签署竣工图章

10. 【刷重点】下列关于竣工图编制要求的说法，正确的是（　　）。[单选]

A. 竣工图不能委托设计单位编制

B. 如果按施工图施工没有变动的，由施工单位在施工图上加盖并签署竣工图章

C. 同一建筑物重复的标准图也必须编入竣工图中

D. 重绘图按原图编号，末尾加注“竣”字，或在新图图标内注明“竣工阶段”并签署竣工图章

11. 【刷基础】工程洽商分为（　　）。[多选]

A. 合同洽商

B. 技术洽商

C. 管理洽商

D. 经济洽商

E. 组织洽商

12. 【刷重点】根据建设工程施工文件档案管理的要求，项目竣工图应（　　）。[多选]

A. 按规范要求统一折叠

B. 由建设单位负责编制

C. 编制总说明及专业说明

D. 有一般性变更时必须重新绘制

E. 真实反映项目竣工验收时实际情况

13. 【刷基础】下列关于施工文件立卷的说法，错误的是（　　）。[单选]

A. 一个建设工程由多个单位工程组成时，工程文件按单位工程立卷

B. 卷内资料若有多种资料时，同类资料按日期顺序排列，不同资料之间的排列顺序应按资料的编号顺序排列

C. 案卷不宜过厚，一般不超过30mm

D. 案卷封面、卷内目录、卷内备考表不编写页号

14. 【刷重点】下列关于施工文件保管期限的说法，正确的有（　　）。[多选]

A. 保管期限分为永久、长期、短期三种期限

B. 永久是指工程档案需永久保存

C. 长期是指工程档案的保存期限等于该工程的使用寿命

D. 短期是指工程档案保存 10 年以下

E. 同一案卷内有不同保管期限的文件，该案卷保管期限应从短

考点 2　施工文件的归档

15. 【刷重点】下列关于归档施工文件的说法，不符合归档文件质量要求的是（　　）。[单选]

A. 工程文件的内容及其深度必须符合国家有关技术规范、标准和规程

B. 归档文件可以为复印件，但必须加盖单位印章

C. 竣工图可以利用施工图改绘

D. 工程文件使用碳素墨水书写

16. 【刷基础】施工单位应当在工程竣工验收前，将形成的有关工程档案向（　　）归档。[单选]

A. 监理单位　　B. 建设单位

C. 城建档案管理机构　　D. 质量监督机构

17. 【刷基础】按照施工归档文件的质量要求，工程文件应采用耐久性强的书写材料，如采用（　　）等。[多选]

A. 圆珠笔　　B. 纯蓝墨水

C. 碳素墨水　　D. 红色墨水

E. 蓝黑墨水

18. 【刷重点】下列关于施工文件归档质量要求的说法，正确的有（　　）。[多选]

A. 竣工图纸必须采用国家标准图幅

B. 图纸一般采用蓝晒图，竣工图应是新蓝图

C. 工程文件文字材料幅面尺寸规格宜为 A4 幅面

D. 所有竣工图均应加盖竣工图章

E. 利用施工图改绘竣工图，必须标明变更修改依据

第二节　项目管理新发展

19. 【刷基础】下列不宜应用 BIM 技术进行深化设计的工程是（　　）。[单选]

A. 现浇混凝土结构工程　　B. 钢结构工程

C. 机电工程　　D. 模板工程

20. 【刷重点】项目管理的绩效域包括（　　）。[多选]

A. 利益相关者　　B. 价值

C. 交付　　D. 团队

E. 规划

参考答案

1. C	2. C	3. ACE	4. A	5. C	6. A
7. B	8. BD	9. A	10. D	11. BD	12. ACE
13. C	14. ABC	15. B	16. B	17. CE	18. BCDE
19. D	20. ACDE				

学习总结

亲爱的读者：

如果您对本书有任何感受、建议、纠错，都可以告诉我们。我们会精益求精，为您提供更好的产品和服务。

祝您顺利通过考试！

扫码参与问卷调查

环球网校建造师考试研究院